元陸上自衛隊武器学校長
市川文一

不思議で面白い陸戦兵器

極限を追求する特殊な世界

並木書房

はじめに

私が現役の陸上自衛官で武器学校長だったとき、「戦車が射撃したあとは、砲塔内に煙が充満して大変ですね。どうされているのですか？」という質問を何度か受けました。

文字どおり武器学校（土浦駐屯地）は、陸上自衛隊の武器と呼ばれるもの、銃や火砲、ミサイル、戦車などの技術教育を行なう学校です。駐屯地の一般公開日には、それらの武器を展示・説明する機会も多く、来場者から武器に関する質問をよく受けました。

前述の質問には、「戦車には煙を外に出す装置があります。煙が砲塔内に入ることはありません」と答えて、排煙装置の説明を必ずしました。陸上自衛官であれば、戦車の砲塔内に煙がこもらないことは承知していますが、煙を外に出す装置について知っている人は少数です。自衛官以外では一部のマニアを除けば皆無でしょう。

煙を出すというと換気扇のようなものを想像しますが、戦車の装置は弾を発射する一瞬で煙を吐き出します。詳しくは本文で説明しますが、弾を発射するときのガス圧を利用する非常に単純な構造です。

このように兵器に使われる技術は特殊なものが多く、兵器技術に関する学問を教育する機関（大学など）も極めて限定されています。

たとえば、火砲や弾薬の設計に不可欠な「弾道学」という学問があります。弾丸が銃や火砲から発射されてから、着弾するまでの動きを解析する学問です。

弾丸が銃砲身内で火薬の力を受けて加速し、銃砲口から出たあとは空気抵抗や風の影響を受けながら放物線上を飛んで目標に達するという、原理的には簡単ですが、実際に弾道を解析するには複雑な計算式が必要で、現在では高度なアルゴリズムを使ってコンピューターでシミュレーションするのが一般的です。

「弾道学」そのものは、一般の産業や日常生活では不要なものですが、軍事技術としては必要不可欠です。

本書では、そのような特殊な技術を幅広く取り上げ、わかりやすく解説しました。筆者の専門が陸上兵器であるため、ほとんどが陸上兵器に関する技術ですが、本書に書かれている技術をすべて知っているのは現職自衛官でもごくわずかです。

本書を読んでいただければ、軍事情報に関する理解が深まるとともに、報道される軍事情報の真偽を見分けることができます。たとえば、誘導弾にとって翼の果たす役割がいかに重要であるかを知っていれば、北朝鮮の軍事パレードで見られる不思議な形状の翼を持ったミサイルがダミーだとすぐにわかるでしょう。

自衛隊退職後、以前から書きたかった「戦略」に関することをメールマガジン「軍事情報」で連載しました。初めての経験だったので、いろいろと苦労しましたが、連載後は『猫でもわかる防衛論』（大陽出版）として本にすることができました。

その後、メルマガ連載再開の要望も多数いただき、次のテーマを考えているときに武器学校長時代の経験を思い出したというわけです。

自分の経験を活かし、軍事マニアだけではなく軍事の知識があまりない一般の方にも楽しく読める「兵器の解説」ができたらどんなに素晴らしいだろうという思いで連載を始めたのが本書のきっかけです。

兵器については秘密に関する事項が多く含まれます。秘密に関することは公表できませんから書けることは制限されます。本書に書かれている技術はネットで検索すると出てくる一般的なものばかりです。

複雑な技術も多く、平易に説明するにも限界があり、はじめは半年くらいの連載と思っていましたが、始めてみると意外に多くのテーマが見つかり、２０１８年2月から２０１９年3月までの長期連載（週一回配信）となりました。

本書はその連載を再構成してまとめたものです。連載ではなかった写真や図版を多数収録し、さらにわかりやすくなっています。

最初に、誰でも知っている「戦車」を取り上げ、そのさまざまな技術やメカニズムを紹介しました。冒頭の排煙装置もここで説明しています。（39ページ参照）

その後は「軍用車両」「火砲」「弾薬」「照準装置」「誘導弾」「装甲と防禦」について解説しています。テーマごとに関連があるので、最初から読んでいただくのがわかりやすいですが、興味のあるテーマから読んでいただいても理解できるようになっています。

兵器技術には一般に馴染みのないさまざまな興味深い技術があり、日常では考えられない不思議な世界を覗くことができます。安全保障や軍事にあまり関心のない方でも日常生活から離れた世界が楽しめると思います。

「不思議で面白い陸戦兵器」の世界へようこそ！

元陸上自衛隊武器学校長・市川文一

目次

第1章 戦車のメカニズム

「戦車」の定義

陸上戦力を代表する兵器といえば戦車です。兵器についての基礎知識がある読者であれば、戦車と自走砲、装甲戦闘車、偵察警戒車、装甲車（兵員輸送車）などの違いを説明するまでもありませんが、兵器の知識がない人は装甲車両に火砲が載っているものはすべて「戦車」だと思っています。

とくに、戦車と自走榴弾砲、装甲戦闘車は外観がよく似ていますから、区別がつきません。最近の陸上自衛隊（陸自）の装備品であれば16式機動戦闘車は外観だけ見れば装軌（キャタピラー、履帯／無限軌道）と装輪（タイヤ）の違いだけで、10式戦車とあまり違いはありません。74式戦車と比較すれば、不整地での機動力はやや劣るものの火力、機動力、防護力の総合評価では16式機動戦闘車が上です。

このように最近の戦闘車両を見ると、戦車の定義は不明瞭になりつつあります（極端な話、開発国が「○○戦車」と名称を付けると、それは戦車になってしまいます）。陸上兵器を語るのに戦車とは何かを説明できないのも、不完全な気がします。そこで本章は戦車の定義から始めたいと思います。戦車を定義することで陸上兵器に関する理解は深まります。

本来は、兵器としての運用・使用目的があって戦闘車両を開発するわけですから、運用目的から定義するのが基本ですが、運用目的と性能・能力の間には因果関係がありますから、完成された形態、機能からでも定義できます。一般の方にも、わかりやすい定義の仕方です。

戦闘車両は三つの要素、すなわち火力、機動力（人員の輸送能力を含む）、防護力のバランスで定義されます。火力運用を目的とするのが自走榴弾砲や自走高射機関砲などの自走砲で、機動力（人員輸送）を目的にしたのが装甲人員輸送車（陸自では73式装甲車、96式装輪装甲車）です。火力と防護力は劣るものの、機動力を活かした近接戦闘能力を重視しているのが戦闘装甲車、偵察警戒車です。強力な火力と防護力を備え、長距離、軽快な機動力を実現しているのが機動戦闘車です。

そして、火力、機動力、防護力をバランスよく備えているのが「戦車」です。まさに最強の陸上兵器といえます。しかしながら、能力が高いゆえに価格も高くなります。高価なことが大きな理由で戦車不要論もありますが、最強の陸上兵器が陸上戦力として不必要であるという論理矛盾になっていま

10式戦車。その大きな特徴のひとつが全国的な配備と運用のための小型軽量化で、90式戦車と同等以上の性能を有しながら、90式（重量約50t、全長約9.80m、全幅3.40m）より重量は約6t、全長は約34cm、全幅は約11cm小さくなっている。

す。

とはいえ、陸上兵器の中で最強かつ最も人気があるのが戦車です。筆者が防衛大学校を卒業して陸上自衛官になったのは1983年です。当時は74式戦車が最新の戦車で90式戦車の開発が始まった時期です。その頃、戦車は誰もが疑うことのない最強兵器でした。ところが、筆者が防衛省陸上幕僚監部で勤務した2000年頃は、米ソ冷戦の終結から始まる日本を取り巻く安全保障環境の変化にともない、戦車は削減すべき陸上戦力の第一の対象となっていました。それが今でも続いています。残念なことです。

さて、本章は戦車のメカニズムを技術面から考察していきますから、当然、火砲や弾薬、装甲についても解説します。その知識で読者の皆さんが独自に戦車を定義するのも面白いでしょう。

以下、前述の三つの要素ごとに解説します。

火力から見た戦車の定義

戦車の火力、すなわち搭載する主砲（戦車砲）の特徴は、大口径（だいたい80ミリ以上）、直接照準の火器で徹甲弾が撃てることです（「戦車砲の弾薬」の項で詳述します）。最新の戦車では当然、最高の貫徹力を持つ装弾筒付翼安定徹甲弾（ＡＰＤＳＦＳ）を撃てます。自走榴弾砲は間接照準火器ですから、ここで明確に区別できます。戦車と自走榴弾砲の外観はよく似ていますが、運用の仕方が違いますから、分類上ではまったく別の兵器です。

外観から区別する場合は、戦車に比べると自走榴弾砲は車高が高く、砲身が長く、砲身の先端に大きめな砲口制退器《ほうこうせいたいき》（32ページ参照）が付いています。戦車砲でも砲口制退器が付いているものもありますが、自走榴弾砲に比べると小さめです。最近の自走榴弾砲は砲身が長いので、ひと目で区別できます。

自走榴弾砲と比較すると、自走無反動砲、自走高射機関砲、戦闘装甲車の搭載砲については直接照準火器ですから、戦車と近い存在です。自走高射機関砲は主として対空射撃に運用しますが、地上目標の射撃にも使用できます。

これらの装甲車両は、口径で区別できます。装甲戦闘車や偵察警戒車、自走高射機関砲が搭載している火砲の口径は40ミリ以下がほとんどです。砲身が細ければ戦車ではないと判断できます。戦後初の国産戦車の61式戦車でも口径は90ミリなので、戦後の戦車であれば、ほとんどは口径で区別できます。

これが戦前戦中の日本陸軍の戦車だと、戦車かどうかの判断は搭載火砲のサイズだけでは困難です。30ミリクラスの砲を搭載していても戦車と呼ばれます。当時は、現在のような自走榴弾砲も装甲戦闘車もありませんでしたから、火砲を搭載した装甲・装軌式の車両は、ほとんど戦車と区分されていました。それだけ戦車とは定義が曖昧な兵器だといえます。当然、昔は戦車と呼べたものも、現代の基準では戦車とは呼べません。旧陸軍の戦車に比べれば、陸自が保有する偵察警戒車ははるかに性能が上です。本稿では細部に注目して定義していますが、戦車は「その時代、その国の最強陸上兵器」と定義するのが的確かもしれません。

戦車に求められる機動力と防護力

戦車を定義するうえで火力に関しては、火砲と弾薬の特性、性能が明確な基準となりますが、機動力と防護力の評価はひじょうに曖昧です。最近では、機動戦闘車も「装輪式の戦車」と呼ばれることもありますから、国によっても定義が異なるといえます。防護力については外観からは性能がわかり

120ミリ戦車砲を射撃中の90式戦車。1977年度から開発に着手、1990年の制式化当時、世界の同クラスの新鋭戦車と並ぶ性能・能力を実現した。

ませんし、装甲性能の多くは秘密事項ですから、これを基準に明確に定義することは困難です。

旧ソ連製のT62をいまだに主力戦車として使用している国もありますから国ごとの差異も非常に大きいものがあります。たぶん世界共通の定義というのは不可能なのではないかと思います。そこで機動力と防護力については日本の現用戦車を基準として定義することとします。

火力を主体とするなら、前述のとおり、80ミリ以上の口径で徹甲弾が射撃できる直接照準火砲(戦車砲)を備えた装甲車両を戦車と定義することもできます。しかし、防護力を要素として考えた場合、自走砲のような軽易な装甲の車両に戦車砲を載せたものを戦車と呼ぶのは問題がありま す。

戦車の戦闘の主たる対象は敵の戦車です。したがって、敵戦車の射撃にメイン装甲が対抗できることが基準になります。現在であれば、戦車の最強弾種であるAPDSFSに対抗できることです。APDSFSとひと口にいっても105ミリと120ミリでは威力がまったく違いますし、同じ口径でも新開発の弾は性能が向上しています。また、装甲の防護性能は秘密とされていますから、数値で定義することはできません。概念として定義するしかないのが実情です。

「現在であれば」と前置きしましたが、あくまでも「開発された時代の敵戦車の射撃に対抗できる」というのが基準となります。日本でも74式戦車が現役として使用されています。装甲性能は秘密事項ですが、最新のAPDSFSには、もはや対抗できないのは兵器技術上、常識のレベルでしょう。

装甲に関しては、今後、砲塔のない戦車や無人の戦車が登場してくると、定義がまったく変わってきます。戦車が厚い装甲を施している第一の目的は乗員の命を守るためです。無人になれば、防護性能は重視されなくなります。また、レールガン（2本の金属のレールの間に金属の物体を置き電流を流すと物体が移動するという電磁誘導の原理により弾を加速して撃ち出す装置）の実用化や戦車の上面からのトップアタックが一般的になれば、装甲による防護力自体が現実的でなくなります。戦車をあえて定義する面白さはこのあたりにもあります。

次に機動力です。機動力でいちばんに議論になるのは、装輪式を戦車と呼ぶかどうかです。海外の

装輪式の16式機動戦闘車。高い路上機動力、空輪による遠隔地への緊急展開も可能な軽量化など、新たな運用構想に基づき開発された。(写真：陸上自衛隊HP)

兵器では、装輪式でも戦車と呼ばれるものも多くありますが、日本では「16式機動戦闘車」という名称で「16式戦車」ではありません。防衛力の規模と態勢を示す『防衛計画の大綱』の別表には戦車の保有定数が規定されていますから、機動戦闘車を戦車と定義すると、別表の数量により制約を受けるとか、戦車そのものの必要性について理解を得られないといった政策的な理由もあるでしょうが、機動力の観点からも戦車と定義するのは疑問があります。

装輪車（タイヤ）と装軌車（履帯、キャタピラー）では、地面との接触面積が違いますから不整地や泥濘地での走行性能は大きく異なります。また、凹凸や傾斜面を越える能力も装軌車が優れています。つまり、舗装された道路を長距離、高速で走行するには装輪車が有利ですが、さまざまな地形、地面の状態の戦場での機動は装軌車が圧倒的に有利です。

戦車に求められる火力、機動力、防護力とは、戦闘における要素であり、戦場に至るまでの戦闘準備間の要素ではありません。実際に戦って勝つために必要な能力です。戦場において相手に対して有利な位置に移動するには、道路外の田畑、泥濘地などでも自在に走行できる能力が必要です。そのためには、装軌車であることが必須条件でしょう。

これは戦闘車両を運用する地域、地形によっても異なります。草原地帯や低木が多い砂漠地帯で運用する場合には、装輪車でも十分な路外機動力が発揮できます。反対に道路外は農地や不整地がほとんどの日本のような地形では、装輪車で路外を走行するのは困難です。したがって、日本において戦車と呼べるのは装軌車であることが重要な要素であるといえます。

ここまで戦車の定義を考察してきましたが、最強の陸上兵器である戦車を製造するには、たいへん高い技術力が必要です。世界でも戦車を独自開発、生産できる国は十指に満たず、日本はその中の一国です。このような技術を有することも国の戦力（防衛力）であり、この技術力を維持、向上を図っていくのは安全保障上、重要な施策です。

戦車のエンジンに求められる性能

戦車のような重車両のエンジンは、これを収容するスペースと重い車体を動かす出力（パワー、馬力）の関係で、専用エンジンとして開発しなければなりません。専用エンジンを開発することで、整備性も追求できます。

民間で用いられる一般的な車両であれば、通常の使用でエンジンが故障することはありませんし、整備のためにエンジン交換することはほとんどありません。交換しなければならないような故障が発生した場合は、車本体を買い換えたほうが安いでしょう。

しかし、戦車などの重量のある戦闘車両では、エンジンへの負荷が大きいため訓練などの通常の走行でも故障します。10式戦車のエンジンの出力は１２００ＰＳ（馬力）で、乗用車の感覚からするとかなり高い数値ですが、重量との関係を考慮すると、乗用車のほうが高出力です。

出力が１００ＰＳの乗用車だと重量は１トン（１０００キログラム）程度です。10式戦車の重量は44トンですから、１トンの乗用車に置き換えると27ＰＳしかありません。四分の一の最高出力ということです。通常、乗用車が走るときは、20～30パーセント程度のエンジン出力しか使いませんが、これを戦車に置き換えると、ほぼ最大の出力を使わないと乗用車のような走行ができないということです。戦車はつねにエンジンが酷使されています。

当然、戦闘になれば被弾などにより損傷を受けることもあります。作戦間、通常走行の故障でも、戦闘による損傷でも、極力早く修理・復旧することが戦力を維持する上できわめて重要です。整備性を考え、故障箇所を迅速に交換できることを前提に設計するのとそうでないのとでは、復旧の時間はまったく異なります。

戦車のように専用のエンジンやトランスミッション（変速機）などを設計する場合は、整備性に配慮するのがふつうです。日本でも戦後初の国産戦車である61式戦車の時代から整備性を考えて開発されています。61式戦車では、エンジンとその他の動力伝達装置を一体化したパワートレーンが単純な機構で連結されているため、短時間でエンジンやパワートレーンの交換ができます。

74式戦車以降では、エンジンと動力伝達装置が一体化したパワーパックという装置になっており、61式戦車よりもさらに単純な機構で連結されています。動力系統に何か問題が起きて走行不能となった場合は、いちいち故障箇所を見つけて修理しなくても、パワーパックをそっくり交換すれば短時間で復旧できます。故障したパワーパックは、その後、時間をかけて修理すればいいわけです。

戦車のエンジンは世界的にディーゼルエンジンが一般的です。最近の戦車で例外なのは、アメリカのM1戦車のガスタービンエンジンくらいです。各国とも自国の最高の技術をもって小型・軽量、高出力・低燃費のエンジンを開発しています。乗用車では水冷、4サイクルのエンジンが一般的ですが、戦車用は空冷や2サイクルのエンジンもあります。

日本では74式戦車が空冷、2サイクルです。空冷はエンジンに直接冷却の装置を組み込まず、外側

アメリカ陸軍および海兵隊の現用主力戦車M1。湾岸戦争やイラク戦争で実戦に使用され、その性能、運用実績は高く評価されている。

にファンを付けて冷却するため、構造が簡単で安価です。水冷ではエンジン本体に水が循環する空間が必要となるため構造が複雑で高価になります。しかし、空冷に比べて冷却効果が高いため、一般的に水冷エンジンは出力を高くできます。90式戦車では水冷、2サイクルエンジンが使われています。

エンジンの2サイクル、4サイクルとは、燃料が一回燃焼するときにエンジンのピストンが動く回数を表しています。2サイクルはピストンが二回の上下で燃料が一回燃焼します。4サイクルはピストンが四回の上下で燃料が一回燃焼します。つまり、出力は2サイクルが大きく、燃費では4サイクルが効率的です。

この二つの組み合わせで、戦車のエンジン開発の変遷がよくわかります。61式戦車が空冷4

サイクル（570HP）、74式戦車が空冷2サイクル（720HP）、90式戦車が水冷2サイクル（1500HP）、10式戦車が水冷4サイクル（1200HP）です。61式から74式の開発においてはエンジン出力向上のため4サイクルを2サイクルへ、90式ではさらに水冷にして出力向上を図りました。

10式戦車の開発では出力はやや低下したものの、車体重量が減ったことと、エンジンからの出力効率を高めたため、実際の走行性能は90式を上回ります。何よりも4サイクルになり、低燃費と排気ガス中の黒鉛の低減により環境適合性も改善されています。2サイクルを4サイクルにした出力低下が300HPに抑えられているのは、日本の技術力の高さを示しています。

ちなみに、10式戦車では日本の戦車では初めてエアコン（クーラー）が搭載されました。90式まではエアコンがありません。現在ではエアコンがない車など考えられませんが、1970年代までの車はエアコンなしもふつうでした。年代的に74式にエアコンがないのは納得できますが、80年代以降は車にエアコンが標準装備になっており、90式にエアコンが搭載されなかったのはおかしな気がします。

このあたりの事情は知りませんが、車両内部のスペースの理由か、費用の問題でしょう。装備品の調達価格はつねに問題になりますから価格低減のためにエアコンを除外した可能性が高いと思われます。戦車用のエアコンとなると、専用品を開発しなければならないため価格も高くなります。

スペックに現れない10式戦車の性能

現在では、ほとんどの乗用車がオートマチックのトランスミッションのため、自動車を走らせるのに変速機構が必要だということを知らずに、車を運転している人もいるかもしれません。今でも一部のスポーツタイプの乗用車などではマニュアルのトランスミッションが採用されていますが、それは少数です。

変速機構を知らなければ、ギヤチェンジ、クラッチなども知らないでしょう。オートマチック車はアクセル、ブレーキ、ハンドルの操作で運転しますが、マニュアル車ではクラッチと、ギヤチェンジのためのシフトレバーの操作も必要です。70年代頃までの車では、これが一般的でした。

車を発進させるときには大きな力が必要ですが、いったん走り出すと大きな力は必要なく、タイヤを高速回転させなければなりません。これをトランスミッションなしで行なうと、高速走行はエンジンをフル回転させることになります。出せるスピードにも限界があります。発進から高速走行までスムーズに走るために必要なのがトランスミッションで、マニュアル車では左足でペダルを踏むクラッチと、左手で動かすシフトレバーで操作します。この操作を機械で行なうのがオートマチック車です。

戦車も乗用車と同様に以前はマニュアルのトランスミッションでしたが、最近開発された戦車はほとんどがオートマチックです。日本の国産戦車も戦後では、完全なマニュアルは61式戦車だけで、74

式はセミオートマチックです。発進と停止ではクラッチ操作が必要ですが、ギヤチェンジのためのクラッチ操作は不要です。90式からは乗用車と同じ感覚で操作できるオートマチックです。筆者も61式から10式までの歴代戦車の操縦体験がありますが、90式、10式の操縦はひじょうに簡単です。

車両全般に共通したことですが、戦車で使われているトランスミッションも一般車両用と基本的な構造・機能はほとんど変わりません。違いは、一般車両よりもはるかに重い車体を動かすため、高い出力のエンジンからの動力をスムーズに駆動輪に伝えるための仕組みと高出力に耐えられる強度です。当然、一般車両に使われているものを流用することはできませんから、これも専用品の開発が必要です。

一般車両のエンジンやトランスミッションは、前述したパワーパックのように簡単に交換できるものはありません。一体化すれば交換は容易ですが、冷却水やオイルの配管、動力伝達用シャフト、電力・電気信号用ケーブルなどを集約しなければならないため、製造にも余計なコストがかかります。一般車両では頻繁にエンジンやトランスミッションを交換する必要もないため、単にコスト増になるだけです。

戦場で故障した戦車をいかに早く復旧できるかは、作戦・戦闘の勝敗にも結びつく重要な要素です。戦車の開発においては必要不可欠なコストです。

61式戦車は、前進5段、後進1段のマニュアルトランスミッションです。一般的仕様ながらギヤチ

戦後十数年の技術的空白を克服、完成した国産の61式戦車。90ミリ戦車砲を搭載、性能的には当時の諸外国の同クラスの戦車と比較して平凡ながら、以後の戦車開発の発展の基礎を築いた。

エンジがひじょうに難しく、操縦手には高い技量が求められる戦車でした。オートマチック車の運転では想像できませんが、シフトレバーを動かしてもスムーズにギヤチェンジができないのです。ギヤチェンジの際は、いったんシフトレバーをニュートラルにして、アクセルを踏んで車速とエンジンの回転数を合わせてやらないとギヤは入りません。この操作は熟練が必要で、初心者では発進することすらできませんでした。

これが74式戦車では、セミオートマチックとなり、発進時のクラッチ操作もスムーズなため、格段に操縦しやすくなりました。また、61式と74式の大きな違いに操向装置があります。61式は今でもブルドーザーなどで使われている二本のレバーで左右への方向を操作します。レバーを引くと駆動輪にブレーキがかかり履帯の回転が遅くなるため、レバーを引いた側に曲がります。これもスムーズな操向には熟練が必要です。74式ではオートバイのハンドルと同様の横向きのレバーで操作します。感覚的にはオートバイと同じです。

そして、90式戦車からは完全なオートマチックですから、一般車両と同様に操縦できます。さらに10式戦車では、油圧機械式無段階自動変速操向機（HMT）が使われています。一般的な用語では無段変速機（CVT）で、HMTもそのひとつです。乗用車ではベルト式、チェーン式、トロイダルCVTが多く使用されています。最近普及しているハイブリッド車は、電気式CVTや電気・機械併用式CVTが使用されています。HMTはオートバイや農業用機械などに多く使われている機構です。

HMTは無段変速の名前のとおり、きわめてスムーズな走行が可能です。また、エンジンからの出力をとても効率よく駆動輪に伝えられる工夫がされているため、10式戦車は馬力などの数字の上での性能は90式に比べて低くなっていますが、実際の走行性能は10式のほうが数段優れています。加速性能も高くコーナーリングも軽快です。90式まではハンドル操作と車体の動きにタイムラグがありましたが、10式ではほとんど乗用車と変わりません。

前進も後進も最高速度がほぼ同じであることも10式の特徴で、HMTの性能によるものです。後進時のスピードが速いのも実際の戦闘ではひじょうに有利です。

10式戦車が部隊配備されて間もない時期に公開された富士総合火力演習で履帯が外れたことで、10

高速で後進走行中の10式戦車。10式は全備重量（乗員3人のほか、燃料、弾薬を最大量搭載）約44t、エンジンは水冷4サイクル8気筒ディーゼル（最大出力1200馬力・2300回転）で前進、後進とも最大時速約70kmを実現している。

式の性能が疑問視されたことがありました。コスト低減と軽量化の影響が各所に出ていることは間違いありませんが、それを差し引いても10式は世界トップクラスの戦車です。運動性能に関しても、これだけ軽快に走れる戦車はほかにはない気がします。軍事の研究家や評論家は、数字が示すスペックで評価しがちですが、数字で表せないことがたくさんあるのも事実です。

戦車のサスペンション（懸架装置）

サスペンション（懸架装置）は、車両を安定して走らせるために重要な機能です。乗用車では乗り心地に影響します。サスペンションがないと、路面の凹凸が直接、車体の動きに影響を与えます。スピードが速いと車両は飛び跳ね、まともに走ることができません。

サスペンションは、路面の凹凸の変化を吸収して車体の上下動を抑えます。路面の凹凸に合わせて車輪が上下して、車体を水平に保つイメージです。一般的な車両（軍用でも一部の戦闘車両を除くほとんどの装輪車）では、凹凸の変化を吸収するのにスプリング（ばね）が使われます。スプリングは路面の凸で縮み、凹で伸びるため、路面の変化にうまく対応できます。

しかし、スプリングは縮んでから戻るときに同じ力を車体に与えるため、車体が振動してしまいます。このスプリングの力を吸収して車輪の上下動をスムーズにするのが、ショックアブソーバーです。ショックアブソーバーは、火砲が射撃したときの衝撃を吸収する駐退機（93ページ参照）に似た構造をしています。基本構造は、注射器で液体を押し出すときに内筒がゆっくりとした動きをするのと同じ原理を使ったものです。

注射器の先端の穴の大きさを変えることにより、サスペンションの性質も変わります。穴が小さくなるほどスプリングの動きが抑制されます。スプリングの特性を変えるには取り替えるしかありませんが、ショックアブソーバーは穴の大きさを変えることでサスペンションの硬さを調整することができます。この調整を、速度や走行状態（カーブ、登り下り、路面など）に応じて電子制御すれば、つねに理想的な状態で走行することができます。

最近の道路は、ほとんどが舗装されているため、乗用車のサスペンションは固めに設定され、車輪の上下動が制限されています。高速では、サスペンションの設定が柔らかいと車体の挙動が大きくなり、走行が不安定になります。たとえば、カーブでは遠心力で外側へ車体が傾きますが、高速では傾きが大きくなり、連続したカーブでは車体が左右に傾くため、安定した走行ができません。

装輪車ではスプリングとショックアブソーバーを組み合わせたサスペンションで車体を支えますが、戦車のような重車両ではスプリングが大きくなり設置するスペースがありません。戦車の車体を支えているのは転輪と駆動輪ですが、10式戦車であれば、片側で7輪、両側で14輪ですから、14個のスプリングを取り付けるにはかなり大きなスペースが必要です。

そこで、重車両に多く使われるのがトーションバー式サスペンションです。国産戦車では61式がトーションバー式を、90式が油気圧式とトーションバー式を併用しています。

トーションバー式とは、細長い金属棒の先端を固定して、もう片方の先端に力を加えたときの反発力を利用しています。金属棒を太く、短くすれば力を加えにくくなりますから、反発力も強くなります。スプリングに比べると小さなスペースに効率よく取り付けられるうえ、同じ反発力を得ながら軽量に作ることができます。

60年代までは、世界のほとんどの戦車がトーションバー式サスペンションを使用していました。シンプルな構造のわりに効果が大きいため戦車には適したサスペンションといえます。最近でも日本の90式、アメリカのM1やドイツのレオパルドⅡに用いられています。

姿勢制御できる油気圧式のサスペンション

70年代に入ると、日本の74式戦車をはじめとして油気圧式のサスペンションが採用されます。油気圧式とはスプリングとショックアブソーバーを組み合わせたサスペンションと原理的には同じです。スプリングの代わりに、ガスの弾力性を利用し、ショックアブソーバーの役割はガスと一緒に封入されているオイルが果たします。

スプリングと違い、油圧ポンプを使ってオイルの圧力を変えることでガス圧も自由に変えられることができ、路面の凹凸による衝撃の吸収性がよく、この機能を利用して車高を変えたり、車体の姿勢制御（車体を前後左右に傾ける）ができます。これは戦車独特の技術です。日本の戦車では74式に初めて姿勢制御の機能が付与されました。

90式も10式も姿勢制御はできますが、74式が登場した当時注目された顕著な技術進歩が、姿勢制御と砲安定装置の採用であり、姿勢制御といえば74式の代名詞です。

姿勢制御は、ふつうの車両では必要のない機能です。陸自の車両でも姿勢制御ができるのは戦車だけです。姿勢制御は主に射撃のために必要な機能で、走行には必要ありません。

また、砂漠や草原などの比較的平坦な場所でも必要ありません。日本のように起伏が多い地形だからこそ必要な機能です。姿勢制御が必要なければ、複雑な機構をもつ油気圧式の懸架装置ではなく、トーションバー式サスペンションで十分です。

74式戦車の姿勢変換（車体右側を上昇させている）。74式は105ミリ砲を搭載し、レーザー測遠機と弾道計算機による射撃統制装置、砲安定装置を初めて採用した。

では、姿勢制御が射撃とどのような関係があるのでしょうか。まずは、前後の姿勢制御です。戦車は砲身の下には車体があるため、砲身を下に向けていくと車体と干渉します。したがって自車から見て低い位置にある目標に向けて射撃するのは苦手です。丘の上から射撃する場合、丘に乗り上げなければ射撃できません。さらに、下方に向かって射撃する場合であれば、敵側斜面に出て、戦車の弱点である上面をさらさなければなりません。ところが姿勢制御を使って車体後方を持ち上げることによって、丘に乗り上げずに、また、敵側斜面に出ることなく射撃することができます。

起伏が多い日本で戦車を運用するのに、上下の姿勢制御は必須の機能です。90式は中央の第3、第4転輪がトーションバー式サスペンションのため、左右の姿勢制御はできませんが、上下の姿勢制御は可能です。当然、10式も姿勢制御（上下、左右）ができます。

90式に左右の姿勢制御機能が付与されていないのは、74式に左右の姿勢制御が必要な理由の裏返しです。

戦車の車体が左右いずれかに傾いていると、射撃のために砲身を上げたときに傾いた方向に砲身がぶれます。これを砲手の技量で修正するのには、きわめて高度な技術が必要になります。そこで傾いた状態で射撃する場合に、姿勢制御により車体を水平にすればふつうに射撃できます。90式は砲手が行なうブレの修正を射撃統制装置（FCS）で自動化しているため、車体が傾いていても問題なく射撃ができます。したがって左右の姿勢制御は必要ないわけです。

10式では左右の姿勢制御も復活していますが、走行性能の向上や射撃反動の吸収性の向上のために、転輪をすべて油気圧式にしたことにより可能となった機能であり、74式での必要性とは異なります。しかし、上下左右に姿勢制御できる機能は、起伏の多い日本の地形での運用には何かと便利な機能で10式の能力向上につながっているのは間違いありません。

姿勢制御を主体に油気圧式サスペンションのメリットを説明しましたが、前述したように走行安定上も油気圧式は優れています。また、射撃時にサスペンションを制御することで命中精度の向上も図れます。

最新技術であるアクティブサスペンションにも、硬さを自由に調整できる油気圧式が有利です。路面の状況に応じてサスペンションをコンピューターで制御することで、きわめて安定した走行ができます。日本の戦車（機動戦闘車も）は、アクティブサスペンションをまだ採用していませんが、次の戦車はこれが実用化されるでしょう。

戦車砲の反動を軽減する

戦後初の国産戦車は61式戦車です。以後、74式、90式と続き、最新の10式は4代目です。○○式とは制式化（装備化）した年度の西暦の下二桁で61式は1961年度に制式化です。制式化年度は装備品が実際に部隊に配備される年度ではなく、その調達予算が認められて契約をする年度です。戦車の場合、メーカーに契約発注してから量産が始まり、部隊に配備されるまで1年以上を要するので、61式の量産型が実際に完成したのは1962年度でした。

61式戦車は560両が生産され、2000年度末に全車退役しました。現在、各地の陸自の駐屯地では広報用として展示してありますから、実物を見ることができます。

この61式の戦車砲の先端には、昔懐かしい煙突の先端と似たような形をしたものが付いています。74式戦車からはありません。

これは砲口制退器といって、戦車砲の射撃時の反動を軽減するためにあります。弾丸が発射される

61式戦車の砲塔および90ミリ戦車砲。砲口のT字形の部分が砲口制退器（マズルブレーキ）、その後ろの砲身の太い部分が排煙器。

と、砲身は反動で後ろに下がります。この力はひじょうに大きく、力をうまく吸収しないと命中精度が低下し、砲を支持する部分をよほど頑丈に作らないと車体が壊れてしまいます。砲口制退器は、日本の戦車では61式だけにしか付いていませんが、さまざまな火砲、小火器に付いています。

弾丸が砲口から撃ち出されるのに続き、砲弾の発射薬の燃焼ガス（発射ガス）が噴き出します。これを砲口制退器に当てることで、砲身に前進する力が加わり、砲身が後退する力を減少させます。火砲の種類によって異なりますが、2割～5割の反動が吸収できます。併せて、爆風偏向器といって砲口から噴き出す発射ガスを側方にそらして、周辺の土埃が巻き上がるのを防止する機能もあります。

射撃時の砲身と発射ガスの状態は、砲口側からガスを噴射して後ろ向きにロケットを発射するのと同じです。この力もまた、ひじょうに大きく、砲口から出る発射ガスを横か斜め後ろ向きに逃がすことで、この反動も低減できます。

じつは、火砲の射撃時の反動を吸収するための主要な装置は駐退機（93ページ参照）で、反動の半分以上を吸収します。最終的な反動は本体（戦車は車体、火砲は脚）で吸収します。

74式戦車からは、命中精度の向上と、装弾筒付翼安定徹甲弾（ＡＰＤＳＦＳ）の使用という二つの必要性と、駐退機の性能がよくなったこと、車体で反動を吸収できたことから、砲口制退器はありません。砲身の先端に砲口制退器のような重量物を付けると、見た目ではわかりませんが砲身が下に曲がります。わずかな曲がりですが、数キロメートル先では大きなずれになります。当然、命中精度は落ちます。

ＡＰＤＳＦＳについては後述（58ページ参照）しますが、61式戦車のような砲口制退器だとＡＰＤＳＦＳを撃つときに装弾筒（サボー）と呼ばれるものが干渉します。

最新の16式機動戦闘車の主砲には、砲口制退器と同様の機能が設けられています。砲身の先端部分に小さな穴がたくさん開いていますが、これが砲口制退器の役割を果たしています。砲身に直接穴を付けることで、砲身の先に重量物を付けることなく、ＡＰＤＳＦＳの使用にも支障を及ぼしません。

16式機動戦闘車の主砲は74式戦車と同じ１０５ミリ弾を撃ちます。弾は同じですが、車体が装輪式

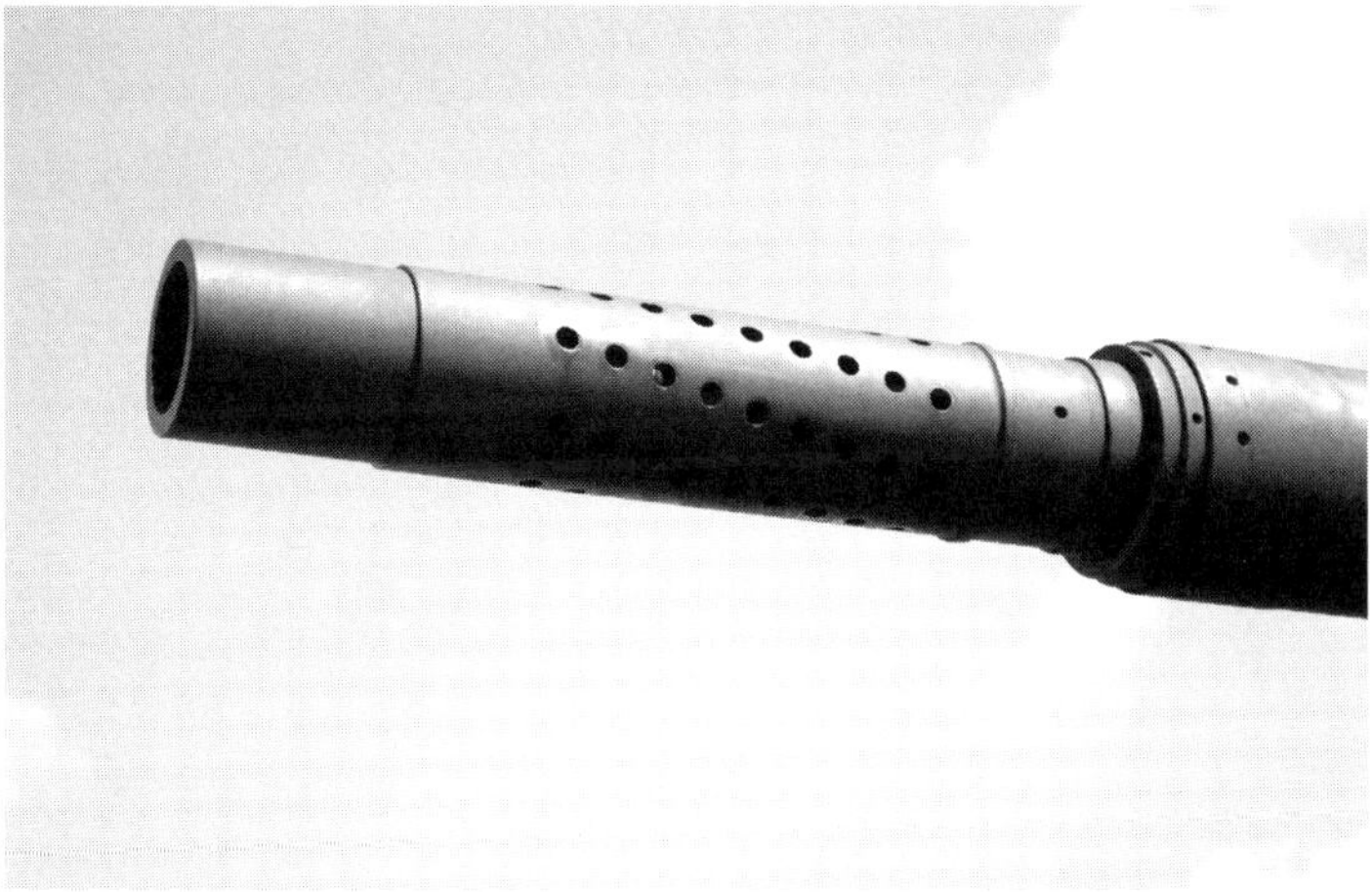

16式機動戦闘車は新設計された国産の105ミリ砲を搭載。腔線（ライフリング）がある施条砲で74式戦車と同じ砲弾が使用できる。砲身先端部に砲口制退用の穴が開口されている。

となり、装軌式の74式戦車と比べると、弾丸を発射したときの反動を吸収できる能力は低くなります。そのため、再び砲口制退器の必要性が出てきたわけです。ちなみに駐退機も74式戦車とは異なり、反動の衝撃を吸収する性能は高くなっています。

砲身の最大の問題は強度

戦車砲はもちろん、あらゆる火砲のメカニズムを構成する中心は、言うまでもなく弾丸を撃ち出すための砲身です。砲身の形状だけ見ると単なる金属の筒ですが、最初の大砲が作られてから、現在のほぼ完成形に近い火砲になるまで砲身の強度は最大の問題であったといえます。

弾丸を発射するときに、最も高温、高圧になるのが砲身内です。火砲と弾薬の種類により変わりますが、平均的な数値を挙げると、２０００度、５００

メガパスカル（MPa）という、日常では考えられない高温、高圧となります。

500MPaは5000気圧です。水深10メートルで1気圧増加しますから、水深5万メートルということになります。世界で最も深いマリアナ海溝でも水深は約1万メートルですから、その5倍の圧力ということになります。1気圧で1平方センチに1キログラムの重さがかかるわけですから、5000気圧は5000キログラムということです。乗用車5台分の重さに相当します。

2000度はガスコンロの温度よりも、少し高い程度ですから温度だけでは日常的なレベルですが、高温、高圧の相乗効果で砲身に影響を与えます。材質が弱いと砲身が破裂します。強度を高めようと肉厚を厚くすれば重量が増加して、操作しにくいものになります。硬いと割れやすく、柔らかいと膨張します。硬くてしなやかな材質が求められます。

砲身はとても簡単な構造ですが、砲身内は弾丸を発射するときの発射ガスによりきわめて高い圧力になるため、高圧に耐えられる強度が必要で、製造にも高い技術力が必要です。現在の火砲用の砲身の素材は鍛造《たんぞう》によって作られる鋼鉄で、自緊《じきん》という特殊な処理がされています。詳しい製法についてはかなり専門的になるので省略しますが、製造過程で砲身内に水圧などで高い圧力をかけると砲身の強度が上がります。日本で生産されている戦車砲、榴弾砲の砲身についても自緊処理がされており、世界に誇れる強度の高い砲身です。世界でも砲身を国産できるのは日本を含めて数か国しかありません。

コラム① 国産装備品への評価と誤解

ネット上のニュースサイトなどには、自衛隊の装備品や兵器技術に関する話題も数多くあります。以前、それらの中に「日本は硬い鉄を作る技術が低いので国産の戦車、砲身は使い物にならない」という主旨の記事がありました。

結論から言いますと、これはまったくの間違いです。硬い鉄（鋼《はがね》）を作ることを製鋼といいますが、日本は高い製鋼技術を有しています。砲身についても防弾鋼板についても、世界に誇れる品質です。砲身も防弾鋼板も防衛省が要求した性能が満たされているかどうか試験を行なっています。試験に合格しないものは使いません。

防弾鋼板については、秘密の分野になるため詳しくは紹介できませんが、砲身については、高い命中精度と耐久性があるのは明らかです。自衛隊は空砲だけ撃っているわけではありません。陸自は演習場や射場、予算の制限で、他国に比べると射撃回数は少ないかもしれませんが、射撃訓練では実弾を使用し、砲身が使用限度に達するくらいの射撃はしています。当然、高い精度で目標に命中しますし、他国の砲身と同等の耐久性があります。射撃と砲身の関係だけ考えると実戦と訓練に差異はありません。

また、砲身に関して「イタリアの技術が優れている」との記事もありましたが、これは日本の現用護衛艦がイタリア製の艦載砲を採用しているということだけを根拠にしているようで、このあたりも正確ではありません。戦車砲、榴弾砲の砲身はドイツのラインメタル社製が有名で各国で使用されています。イタリアのオットー・メララ社は艦載砲を得意としています。

言うまでもなく、ネット上のニュースサイトなどには憶測や伝聞に基づく情報が少なからずあります。とくに防衛・軍事に関することは、秘密の分野が多いことと国産装備品の製造現場がほとんど公開されていないことから、不正確、誤った内容や論評をしばしば見かけます。高い技術力を持っている日本の企業にたいへん失礼な記事もあります。読者の関心を引くために、日本の装備品について「○○は使い物にならない」「○○の性能は世界でも群を抜く」などの極論は、とくに気をつける必要があります。

筆者は現役時、職務の関係から多くの装備品の製造現場を訪れました。いわゆる防衛産業です。国産装備品は自衛隊に実戦経験がないことと輸出していないことから、兵器として実証的評価がなされていないものの、防衛産業各社の優れた技術により開発・製造され、高い性能を有しています。実際に現場で使用されている装備品でも、すべての輸入品が優れ、国産品はすべて劣るという評価は聞いたことがありません。それぞれに優劣があります。

小銃や小銃用弾薬は、安くて性能のよい海外のものを輸入すべきだという意見をもつ人も多くいますが、価格やカタログ上のスペックだけで判断できない要素がたくさんあります。体格の立派なアメリカ人が使いやすいと評価しているからといって、それが日本人に当てはまるわけではありません。日本人の体格や筋力、銃規制などの国内事情、さらには国民性にまで関係しています。

余談ながら、国民性は装備品の評価においてかなり大きな要素になります。たとえば、外国製の火砲は作動部からの油漏れについておおらかです。1日に1滴までは適正の範囲とされたりします。しかし、これが日本人には耐えられません。油が滲んだだけで「油漏れだ、不良品だ」と大騒ぎになります。今では環境汚染も問題視されます。これらの輸入品の改修に多額の経費がかかる場合もあるということは、ほとんど知られていません。

戦車や自走榴弾砲の砲身の膨らんだ部分は何?

陸上自衛隊の61式から10式までの戦車、75式、99式の155ミリ自走榴弾砲の砲身をよく見ると、中間あたりの部分が太く膨らんでいます。一方、155ミリ榴弾砲FH70や203ミリ自走榴弾砲の砲身には、この太い部分はありません。さて、この部分は何でしょうか?

砲身に膨らんだ部分がある砲と、それがない砲をそれぞれ搭載した車両の違いを考えると答えが出ます。前者の車両にはすべて砲塔があり、密閉された空間で人が砲を操作します。火砲は弾丸を発射すると弾丸が砲口から飛び出した後に発射ガスが出ます。砲口から完全に発射ガスが出てしまえば問題ありませんが、どうしても一部残留してしまいます。

弾丸の発射後に急激に吹き出す発射ガスの影響で、砲身内の圧力は低下し、砲口から外の空気が流

75式自走155ミリ榴弾砲の砲塔および砲身。やや大型の砲口制退器と砲身中ほどに排煙器が設けられている。

れ込みます。空気は、砲口側から砲尾側へと流れるため、次弾を装填するために閉鎖機を開けると、残留した発射ガスが砲尾から流れ出ます。砲塔内の密閉された空間に、ガスが充満してしまいます。発射ガスは有毒ではありませんが、決して身体にいいものではありません。なんとか発射ガスを外に逃がす必要があります。

　この砲身の膨らんだ部分は、発射ガスをすべて砲口から吐き出すための排煙器と呼ばれる装置です。古い戦車にはこの排煙器のないものがありますが、砲塔内には発射ガスが充満し乗員は大変だったと思われます。また、排煙器の代わりに発射ガスを排出する換気扇のようなベンチレーターが付いている砲塔もあります。

排煙器は非常に単純な構造で、砲身の膨らんでいる部分は単なる空洞です。排煙器が付いている部分の砲身には小さなガスノズルが砲口に向けて斜めに開いています。弾丸がガスノズルを通過すると穴から発射ガスが排煙器の圧力室に入り、圧力が高まります。弾丸が砲口から出ると、砲身内のガス圧は急激に低下します。砲身内の圧力に比べて圧力室内部の圧力は高いため、圧力室からガスノズルを通って発射ガスが放出されます。ガスノズルは、砲口側に斜めに向いているため、排煙器内のガスは砲口側に吹き出し、砲身内のガスは砲口側に流れます。(イラスト参照)

戦車砲や自走砲は、砲身が後座するタイミングで閉鎖機が開くようになっていて、戦車の場合は薬莢が排出されますが、この時、砲身内のガスは砲口側に流れています。砲身内で砲口側に流れるガスに引っ張られて、砲塔内の空気は閉鎖機が開いた砲尾側から砲身に流れ込みます。砲塔内の空気が砲口から出ることで、砲身内の発射ガスがきれいに消えるというわけです。

排煙器については、自衛官でも知らない人が多くいます。陸自の駐屯地には退役した61式戦車や74式戦車が展示されていますが、砲身についている排煙器は一目でわかります。記念行事などの駐屯地が一般開放される際に、いっしょに訪れた人に、排煙器や61式戦車の砲口制退器について説明してあげれば、火砲の複雑なメカニズムに目を見張ることでしょう。

砲身の歪曲を防止する「サーマルジャケット」

ウェブサイトや書籍などに掲載されている74式戦車のいろいろな写真や映像をよく見ると、部分的に外観が異なる二種類の砲身があるのを確認できます。ほとんどの砲身は、排煙器より前の部分に筒が二本つながった形状のカバーのようなものがかぶされており、外径も少し太くなっています。

74式の戦車砲は、もともとは表面が平滑な細身の砲身でした。それが1980年代中頃から、このカバーが装着されたものが現れました。砲身そのものの太さは変わりありません。

前述した砲口制退器の解説で、砲身自体の重さで砲身が曲がる話をしましたが、熱でも砲身が曲がります。金属は熱くなると膨張するため、砲身に温度が高い部分と低い部分があると砲身が曲がることがあります。砲身が最も熱くなるのは弾を発射したときに発射薬が燃える熱によるものですが、温度差は薬室側が高く砲口側が低い状態のため砲身が曲がることはありません。では、どのようなときに曲がるのでしょうか？

炎天下に置かれた金属はひじょうに熱くなります。鉄の塊である戦車は、夏には装甲板の表面で卵が焼けるほどの熱さになります。砲身も太陽の熱にさらされる上部が熱くなり下に向かって曲がります。重さで曲がるのも下向きですから、炎天下ではさらに曲がりが大きくなります。ただし、曲がるといっても角度にして0・1度前後の歪曲なので目で見て確認できるものではありません。

反対に冬季、砲身に強い風が当たると、風が当たっている側が冷やされて風が当たっている方向に

砲身にサーマルジャケットを装着した74式戦車。

砲身が曲がります。要するに、砲身の前後（砲尾、砲口）の温度差は問題ありませんが、上下左右に温度差があると温度が低い方向に砲身が曲がるということです。

直接照準火器の射撃での照準は、砲身が真っ直ぐなのが前提です。砲身が曲がっていたら、弾丸は狙いどおり目標に命中しません。炎天下の射撃では、目標を正しく照準しても砲身が下に曲がっているために弾丸はその下方に当たります。2発目については砲身の曲がり分を修正することができますが、初弾を確実に命中させるのはきわめて困難です。経験と勘によりその日の天候や気温を考慮して、照準を修正するしかありません。

また、撃発された弾丸は砲身内を真っ直ぐに進もうとしますから、曲がった砲身は真っ直ぐになろうとします。弾丸が砲口から出るときには真っ直ぐになろうとした砲身が再び曲がろうとするため、飛翔する弾丸の弾道を不安定にする作用を及ぼします。砲身の曲がりが大きいとこの挙動が大きくなり、弾道を正しく予測することは困難です。

砲身が曲がったことによる弾道への影響と、砲身の挙動による影響は天候や気温によって変化するため、これをデータ化するのはひじょうに困難であり、熱による砲身の変化を最小限にすることが求められます。この熱による砲身の曲がりを防止するのが74式戦車から砲身に装着されているカバー、「サーマルジャケット（サーマルスリーブともいう）」です。

サーマルジャケットは二種類の構造、もしくはその複合した構造になっています。ひとつは断熱材を用い、砲身に外気温を伝えなくすること、もうひとつは液体（車の不凍液のような液体で砲身を取り囲むことで、一部が温度変化すると液体は循環し全体の液体温度が均一化する）を用いて砲身の全体を均一の温度にすることです。これで砲身が気温の影響を受けずにつねに同じ状態を保つことができます。砲身の重さによる曲がりについては、あらかじめ照準器や射撃統制装置（ＦＣＳ）にこの修正値を入れておけば問題ありません。

90式戦車、10式戦車では、加えて砲身の曲がりを検出する装置（センサー）が付けられており、射撃のつど、砲身の曲がり分を射撃統制装置で修正しています。これでより正確な射撃をすることができます。

このように、センサーによる砲身の曲がりを検出し、ＦＣＳで照準を修正できるにもかかわらず、90式にも10式にもサーマルジャケットが装着されています。このことが、逆に熱による砲身の曲がりが命中精度にいかに大きく影響するかを物語っています。

戦車砲の省力化、自動装填装置

近代の小火器では、発射ガス圧や反動を利用する「ブローバック」機構によって、弾込め（給弾・装填）はほとんどが自動化されていますが、多くの戦車砲や火砲は今でも人が弾込めをしています。小火器は弾倉やリンクベルトを用い連射も可能となっています。さらには、バルカン（ガトリング）砲のように銃（砲）身を数本束ねこれを回転させ、弾薬装填も含めてすべて電動で作動させることにより、５０００発／分以上の発射速度を有するものもあります。

戦車砲や火砲では、連射の必要性が高くないのと、砲弾が大きいため連射できる構造にすると給弾・装填装置も大きくなりすぎるため、連射機構を開発するという動きはありません。そもそも、砲弾の大きさと重さを考えると小火器のような連射は物理的に不可能でしょう。また、小火器と違って発射薬量の多い戦車砲や火砲では、連射に耐えられる砲身を作るのは困難です。

ただし、高い発射速度は運用上必要です。初弾が外れた場合、次弾をいかに早く発射できるかは戦闘の勝敗を大きく左右します。このため、連射は無理としても、発射速度を高めるための自動装填装置が開発されました。現在では、発射速度を重視して、戦車や自走榴弾砲に自動装填装置を装備するのが主流となっています。

かつてのソ連軍では、戦車に自動装填装置を採用することにより、砲弾の装填手が不要になるため、戦車乗員の省力化を図るのが目的であったという話もあります。冷戦時代、有事には数千、数万両の戦車をNATO軍の正面に突進させることを想定し、1両あたりの乗員数を減らしてより多くの戦車を運用する発想が、自動装填装置開発の背景にあったというわけです。しかしながら、乗員が1人減ることにより、戦車の運用上いろいろな支障が出てきます。

従来のほとんどの戦車は4人乗りで、61式、74式も乗員は車長、砲手、操縦手、装填手の4人です。戦車の実際の運用には、点検・整備、弾薬補給、給油など、やるべき作業はたくさんあります。作戦間であれば偽装や築城（陣地や障害の構成。地形や地物を利用して戦車を掩蔽する作業など）も必要です。かつては4人でこれらの作業を行なっていましたが、90式、10式では自動装填装置の採用で装填手がいなくなり、3人で行なわなければならなくなりました。作業量がほとんど変わらないのに、要員が四分の三になるというのはたいへんな負担です。

また、戦車が行動するには、車長、操縦手、砲手の3人が必要です。人力での装填の場合は、乗員4人のうち1人が負傷したとしても、発射速度は遅くなりますが、砲手と装填手は兼務できます。自動装填の場合、乗員は3人ですから、1人負傷して残り2人になると運用にいろいろと支障が出てきます。

操縦手はほかの操作を兼務できないため、戦車の運用（戦車の前進目標・経路、射撃目標の決定、他車との連携など）、敵の捜索、照準、射撃などを残る1人ですべて行なうこととなります。移動するだけ、固定位置からの射撃だけなら2人でもなんとかなりますが、移動しながらの戦闘となると2人ではほぼ不可能です。

このように、戦車の運用上、利点ばかりとはいえない自動装填装置ですが、連続した走行間射撃を可能とし、最大発射速度を向上するためになくてはならないものです。日本の戦車も90式から走行間射撃が可能となりました。61式や74式でも走行間に射撃できないことはありませんが、能力上、目標に命中させるのはきわめて困難です。走行間射撃で目標に命中するのは、射撃統制装置の能力向上によるものですが、もし、自動装填装置がなければ2発目以降の発射速度は著しく低下します。

パレードのときのように、平坦な路上を真っ直ぐに一定速度で走るのであれば、走行間に装填手が次弾を装填するのは容易ですが、不整地で戦闘中に方向や速度を変えながら走行する戦車の砲塔内で次弾を装填するのは、ほぼ不可能です。初弾が命中しなかった場合や、敵の2両目の戦車に対応するためには、次弾をいかに短時間で発射するかが勝敗の分かれ目になります。自動装填装置があれば、走行間でも速やかに次弾を装填し、発射することができます。

また、戦車砲は61式が90ミリ、74式は105ミリですが、90式からは120ミリと砲弾が大型化

（ＡＰＦＳＤＳは全長約９８０ミリ、重量約20キログラム）し、人力で装填するには限界となる重量といわれています。体格がよく、よほど筋力を鍛えている者でなければ、かなり厳しいでしょう。狭い砲塔内での砲弾装填は、一般的に考えれば１０５ミリが限界かと思われます。

小火器と違い、戦車砲は目標に応じて弾種も選択する必要があるため、砲手が弾種を選択して速やかに装填するのには高い練度が必要ですが、自動装填装置はそれを簡単にやってしまいます。戦車の乗員が４人から３人に減ったこと以外は画期的な装置です。

自走榴弾砲の自動装填装置も、発射速度向上にはきわめて有効です。榴弾砲での弾込めは、ひじょうに重い砲弾を弾帯《だんおび》（本体が鉄でできている砲弾には砲身内のライフリングにスムーズに噛み込めるように銅の帯が巻かれています。62ページ参照）が最初のライフリングに噛み込むようしっかりと押し込んだ後に、装薬を挿入し、閉鎖機を閉じ、火管《かかん》を挿入してから、照準、発射と手間を要すプロセスと相応の時間がかかります。日頃の錬成訓練で、これらの操作を短時間でできるようにするわけですが、それにも限界があります。これらのプロセスを機械力で自動化することにより大幅な時間の短縮が図れます。

しかし、発射後に砲を装填位置に戻し、次弾を装填して再び射角をとる時間は、短縮のしようがありません。国産の１５５ミリ榴弾砲では、75式自走１５５ミリ榴弾砲で初めて自動装填装置を導入しましたが、次弾装填のつど砲を装填位置に戻す必要がありました。99式自走榴弾砲では発射位置での弾込めが可能です。これにより、高い発射速度を実現しています。さらに弾種の選択から装薬の装塡も自動です。すべての装塡作業が自動でできる榴弾砲は世界でも珍しく、日本が誇れる技術のひとつです。

対装甲用弾薬（成形炸薬弾と粘着榴弾）の原理

ここからは戦車砲用の弾薬の話題に移ります。戦車砲の主要弾種のうち装弾筒付翼安定徹甲弾（APDSFS）は、「砲口制退器」の項で簡単に触れましたが、このほかに成形炸薬弾（HEAT）と、粘着榴弾（HEP）があります。この2弾種は炸薬のエネルギーを使った対戦車用（対装甲用）の弾薬です。これにも興味深い技術が用いられています。

まず、HEATとHEPの原理を説明します。また、弾薬に欠かせない火薬についての基礎的な知識があると、兵器、とくに火器に関連する記事や情報を見たり聞いたりしたときに理解の度合いがぐっと高まります。併せて火薬についても解説します。

まず、砲弾が爆発して対象物を破壊するのは、「モンロー効果」と「ホプキンソン効果」と呼ばれる物理学的メカニズムが応用されています。

円錐状の凹みがある爆薬をその後方から点火して爆発させると、爆発の衝撃が一点に集中し、強い穿孔力《せんこうりょく》が発生します。これを「モンロー効果」といいます。この円錐状の凹みに金属を貼り付ける

成形炸薬弾（HEAT）の構造

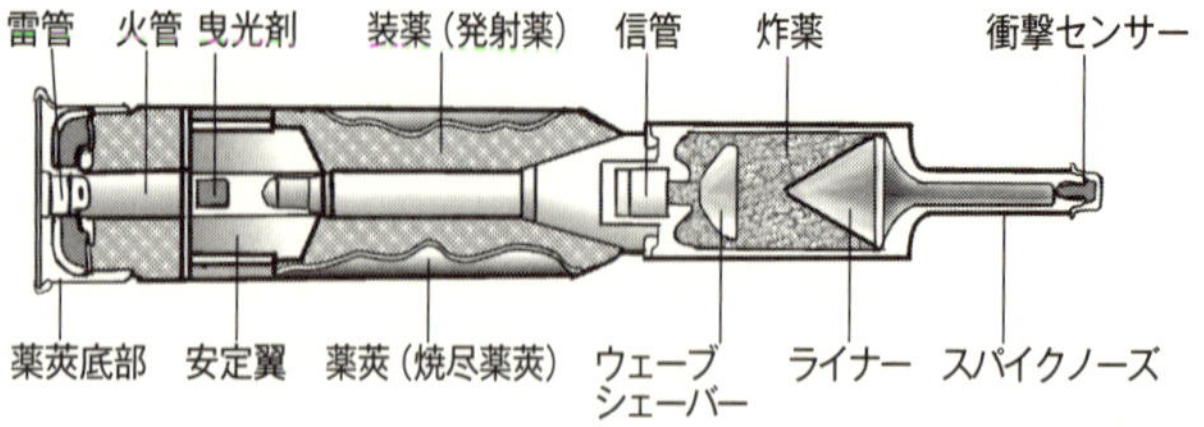

装甲破壊のメカニズム

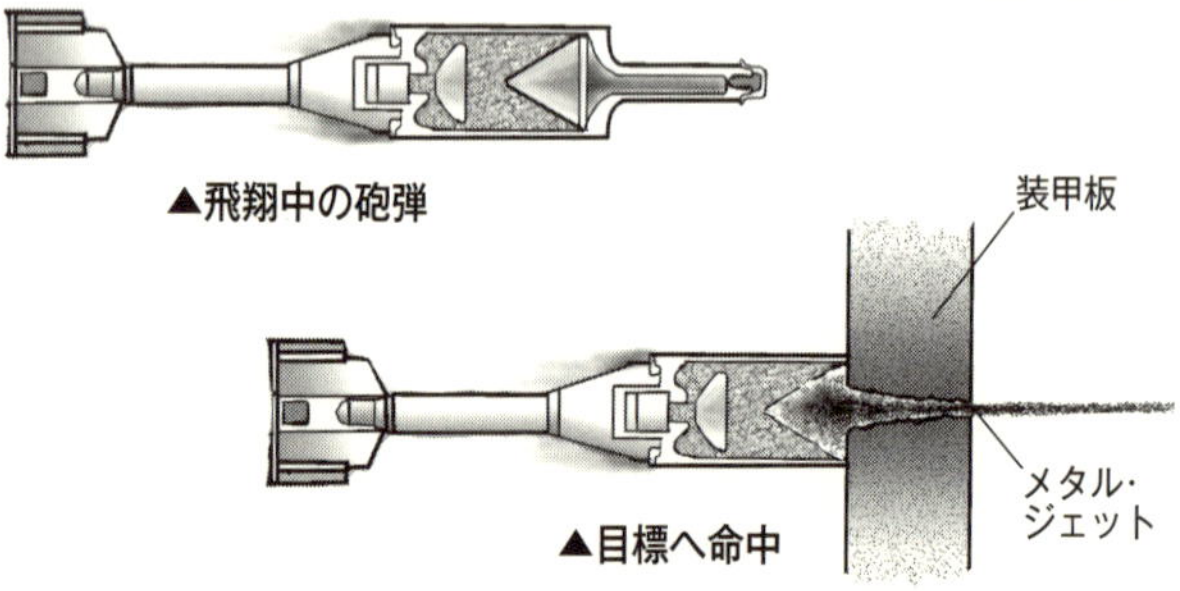

▲飛翔中の砲弾

▲目標へ命中

成形炸薬弾は、円柱状の炸薬の前部が漏斗状に成形され、そこに同じ形のライナー（金属製内張り）を装着している。炸薬を後部から起爆させることで発生する衝撃波（爆轟波）でライナーは崩壊し、衝撃波は「モンロー効果」によって前方に集中して、猛烈な速度（およそ秒速7〜8km）で噴流する。この衝撃波ビームを「メタル・ジェット」という。このメタル・ジェットが装甲表面を液状化（金属がひじょうに高い圧力を加えられると固体のまま液体のように動く「ユゴニオ弾性限界」と呼ばれる物理現象）させながら貫通して、その破孔から爆風や破片が侵入し目標内部を破壊する。成形炸薬弾は、対装甲用として戦車砲弾、ロケット弾などに用いられ、流線型の被帽（キャップ）で覆われた砲弾形状をしたもののほか、図（120ミリ対戦車榴弾）のような「スパイクノーズ」と呼ばれる形状のものは戦車砲用が多い。

粘着榴弾（HEP）の構造

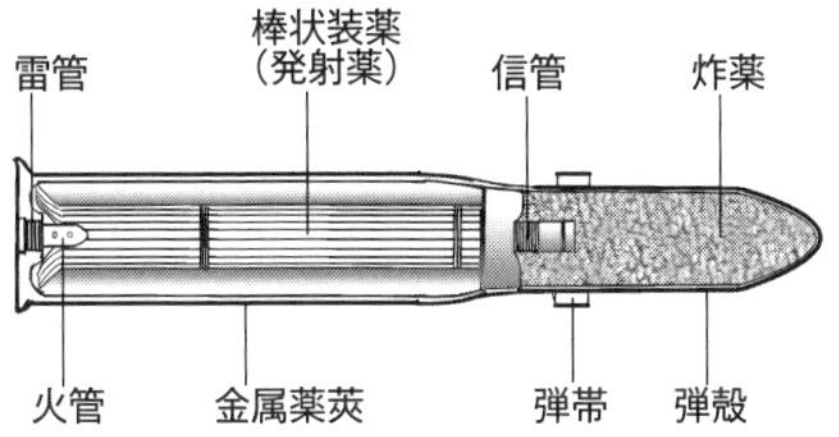

装甲破壊のメカニズム

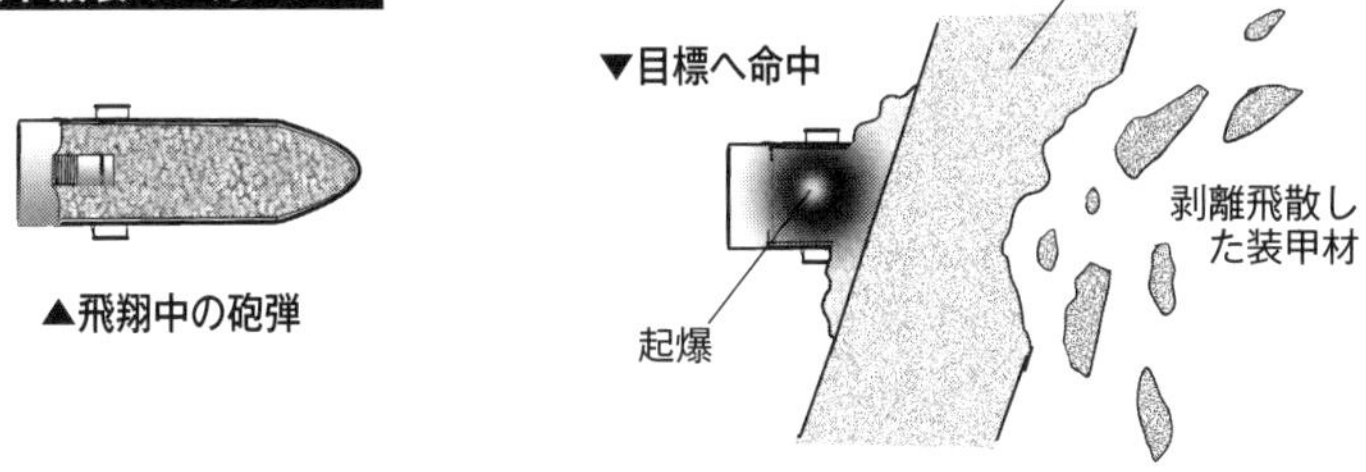

粘着榴弾は砲弾が装甲を貫通することで目標を破壊するのではなく、装甲表面に衝突した弾殻（通常の榴弾よりも薄く柔らかい金属でできている）が潰れて、へばりつくように密着（このような現象が「粘着」の名称の由来だが、目標に貼り付く粘着性があるのではない）したあと、可塑性の炸薬が起爆する。起爆によって生じる衝撃波が装甲に伝わり、「ホプキンソン効果」によって装甲の裏側が破片となって剥離飛散して目標内部を破壊する。

と、金属がメタルジェットとなって前方に噴き出し、穿孔力がさらに高まります。これを「ノイマン効果」といいます。そして、このような形状にした爆薬（炸薬）を「成形炸薬」と呼びます。この原理を利用したのがHEATです。

　金属の表面に爆薬を密着させて爆発させると、衝撃波で裏面の金属が剥離して飛び散ります。これを「ホプキンソン効果」といいます。裏面が剥離するため、金属の厚さの影響を受けにくく、対装甲用として使用すると効果的です。この原理を利用したのがHEPです。

簡単に説明するとこれだけですが、成形炸薬の円錐の形状や使う金属、炸薬量、炸薬の性能で穿孔能力は変わってきます。小さく軽くして、いかに穿孔能力を高めるかというところに、高い技術力が求められます。

次に火薬に関する簡単な知識です。まず火薬の種類ですが、法律上、学術上、軍事上などにより、名称が少しずつ異なります。ここでは兵器技術ですので、軍事上での呼び方で説明します。

弾丸を撃ち出すために使うのが「発射薬（火砲に使うものは「装薬」と呼びます）」で、ロケットやミサイルを飛ばすための火薬は「推進薬」です。最も威力が高く弾丸の中に入っているのが「爆薬」ですが、これにもいくつかの種類があります。

弾薬は威力が求められるのは当然ですが、取り扱いが容易なことも求められます。誤って落としたり、ぶつけたりして、すぐに爆発するようでは扱いにくく、実用の現場では使えません。かといって、大きな衝撃を加えないと爆発しないのも困ります。これを解決するために、「火薬系列」といって少量の敏感な爆薬から大量の鈍感な爆薬までいくつかの爆薬をつなげて点火の容易性と取り扱いの安全性を確保します。

これにもいくつかの「系列」がありますが、一例を紹介します。最初の点火に使われるのが「起爆《きばく》薬《やく》」、起爆薬の威力で爆発するのが「伝爆薬《でんばくやく》」、伝爆薬の威力で最終的に爆発するのが「炸薬《さくやく》」です。

弾薬本体に充填される炸薬は威力があり、かつ安全性（鈍感であること）が求められます。多くの弾薬に使用されているＴＮＴは炸薬ですが、発火点が摂氏４７５度ですから、多少の熱では燃えません。この温度は燃える温度ですから、爆発させるためにはさらに強い衝撃が必要です。ちなみに、火の中にＴＮＴを放り込んでも燃えるだけで爆発しません。

これに対し、起爆薬として使われるアジ化鉛やジアゾジニトロフェノールなどは、ひじょうに鋭敏でわずかな衝撃で爆発します。雷管や信管などに使用されていますが、実際の取り扱いでは炸薬とは別々に管理するのが基本です。

小火器弾薬や戦車砲弾薬のように薬莢のあるものは、この底部に雷管がつきます。起爆薬を金属容器に密閉した雷管を撃針で叩くことにより、金属を変形させて、その圧力と熱により点火します。撃針の圧力は拳銃や小銃でもかなりの衝撃があります。雷管は強い衝撃を加えないと点火しないように安全性を確保しています。

軍用の火薬や弾薬というと、威力が大きいため感覚的に危険だというイメージがあります。しかし、それを扱う軍人も同じ人間です。弾薬類は慎重に確実に扱うよう訓練されますが、ミスをゼロにすることはできません。運搬中に落としたりしても絶対に爆発しないよう、安全性が確保されています。

軍用の弾薬を含む火薬類は、過去からの経験と研究開発の積み重ねに裏付けられた高い技術力により、安全性が高いものになっています。最も危険なのは、テロや犯罪で使われる火薬です。開発・製造技術、その設備もないため、最適な火薬系列を作ることはできません。材料の入手のしやすさと製造が簡単であることが優先されます。その結果、きわめて危険なものとなってしまいます。

対装甲用弾薬の主流はHEAT

現在、対戦車・対装甲用として使用されている弾薬は、ほとんどが成形炸薬弾（HEAT＝ヒート弾）です。主に対戦車用であるため「対戦車榴弾」の名称で呼ばれています。戦車砲のほか、対戦車誘導弾（ミサイル）、対戦車ロケット弾（個人携行用）、無反動砲の弾薬として幅広く使用されています。

対装甲用としてはAPDSFSが威力は上ですが、APDSFSは弾丸そのものに高いエネルギーを与えなければなりません。つまり高速度で発射する必要があります。細長い弾丸形状と重量を得るために、口径もある程度の大きさが必要です。現在の兵器で戦車砲以外にこれを可能とするものはありません。

装弾筒付徹甲弾＝APDS（SS）でも、高い貫徹力はありますが、徹甲弾の場合はすべて高速度で発射しなくてはなりません。20～35ミリ弾にもAPDSがありますが、これらを撃つための機関砲は長い砲身と給弾装置や弾倉など、ある程度の大きさと重量になるため、車載や艦載、航空機搭載になってしまいます。また、20〜35ミリのAPDSに比べるとHEATのほうが貫徹力は上です。

機関砲のメリットは発射速度の高さと即応性です。多目標を瞬時に制圧できます。装備品にはそれぞれに利点・欠点、得意・不得意分野があります。脅威の特質、国内事情、作戦や戦闘の特性を踏まえ、さまざまな兵器を組み合わせて使うことで戦力は相乗的に高まります。

したがって、戦車砲や機関砲以外で対装甲用として使用されているのは、ほとんどがHEATです。無反動砲や対戦車ロケット弾は反動がありませんから、個人携行用の小型火器でも射撃できます。また、AH-1のTOWやAH-64のヘルファイアのように対戦車ヘリコプターに搭載しているミサイルもHEATを用いています。国産では64式、79式、87式、01式の対戦車誘導弾や、96式多目的誘導弾、中距離多目的誘導弾もHEATを使っています。

誘導弾で個人携行できるのは、国産の01式対戦車誘導弾（通称、軽MAT）、アメリカのドラゴン、ジャベリンが有名です。個人携行の誘導弾は世界的にも数少なく、これを開発した日本の技術は、もっと高く評価するべきでしょう。

ロケット弾は数多くの種類があります。かつての人気テレビドラマ「コンバット！」で有名な、いわゆるバズーカ砲（劇中に登場したのはM9対戦車ロケットランチャー）も個人携行火器で、陸自が装備していたのは、その改良発展型のM20対戦車ロケットランチャー（89ミリロケット発射筒）で

89ミリロケット発射筒は、1952年、保安隊時代にアメリカの供与で装備が始まり、長く普通科部隊の主要な対戦車火器のひとつだった。

す。このランチャーはアルミ製の単なる筒です。筒の後部からロケット弾を装填して発射します。きわめて簡易な構造で技術的にも単純なものです。筆者が若い頃、駐屯地の記念行事での装備品展示では、この単なる筒のバズーカ砲は大人気でした。テレビの影響がいかに大きいかを実感しました。

中東などの紛争のニュース映像には、旧ソ連が開発したRPG・7対戦車ロケットがしばしば登場します。似たような火器で陸自が装備しているのは、110ミリ個人携帯対戦車弾（パンツァーファウスト3）です。ドイツで開発されたものをライセンス国産したものです。

HEATは複雑な構造をしています。モンロー効果を得るには、目標に向かう円錐状の凹みの反対側、つまり弾底部分から点火する必要があります。また、威力を最も高めるために、弾薬の円錐部分と目標に一定の距離（これをスタンドオフといいます）が必要です。このため、目標にぶつかる先端から信号を弾底に送り、起爆薬に点火して炸薬を爆発させる構造となっています。

弾頭形状も開発当初の流線型（円錐）から、スパイクノーズと呼ばれる棒が突き出たような形状に進化してきました。これは弾丸が目標に直角に当たらなかった場合、目標に当たるのが弾丸の側面だと、信号がうまく発生しないのを防ぐための工夫です。弾の先が棒のような形状であれば、目標との角度がかなりあっても、確実に先端が目標に当たり、信号が発生します。

一方、ホプキンソン効果を利用したのが粘着榴弾（ＨＥＰ）です。金属の裏面、つまり装甲の内側が剥離するので、装甲の厚さに影響されにくいのが大きな利点ですが、現在ではあまり使用されていません。日本では74式戦車、16式機動戦闘車で射撃できる１０５ミリＨＥＰ弾のみです。機能上、初速を遅くする必要があり、命中精度が落ちることや、二重装甲や簡単な複合装甲などの簡易な構造で対抗できるのが、使われなくなった主な理由です。

かつての装甲を強くする技術は、金属の材質を堅くすること、装甲を厚くすること、装甲面を傾斜させることがメインだったため、ＨＥＰは開発された当時、かなり有効な弾種でした。日本の戦車では74式の車体、砲塔が傾斜した装甲面で構成されていて、弾丸が跳ねやすい形状ですが、ＨＥＰはこの傾斜にも影響を受けません。現在の主な対戦車用砲弾はＡＰＤＳＦＳも含め、装甲面の傾斜に影響されないため、90式、10式をはじめ、世界各国の新しい戦車は垂直の装甲面で構成されています。

戦車砲の弾薬─装弾筒付翼安定徹甲弾（APDSFS）

現用の戦車砲弾薬で最も強力なのが、装弾筒付翼安定徹甲弾（APDSFS）です。61式戦車から74式戦車に世代が変わり、砲口制退器がなくなった理由のひとつとして、APDSFSの採用があったと前述しました。

APDSFSは、火器の砲弾の中でも特殊な構造をしています。串に刺したフランクフルトソーセージを想像してください（串の先端の尖ったほうが外に出ている状態）。串が弾丸でソーセージがサボー（装弾筒）です。サボーは縦に三本の切れ目があります。（61ページ図参照）

弾丸（串）は細すぎるので、砲身の口径と同じ太さのサボー（ソーセージ）が付いているのです。弾薬が撃発された後、弾丸はサボーが付いたまま砲身内を進み、砲口から出ると同時に空域抵抗によりサボーは三つに分割され、砲口近くに落下し、弾丸だけが飛んでいきます。

砲口制退器が、61式戦車のような形状で砲口より前に付いていると、サボーが割れるときに干渉してしまいます。16式機動戦闘車のような形状ならば干渉しないことがわかると思います。

なぜAPDSFSはこのような構造になっているのでしょうか？　弾丸の貫徹力を高めるための要素は、①弾丸が硬いこと、②弾丸が重いこと、③弾丸先端の面積が小さいこと、④弾丸のスピードが速いことの四つです。

①の弾丸の硬さはきわめて重要です。小銃の弾でも鉛製（最近は鉛害防止のため別の金属を用いることが多くなっています）を鋼鉄製にするだけで貫徹力がまったく変わります。名称も前者は普通弾、後者を徹甲弾と呼びます。

したがって、防弾板や装甲の防護力も普通弾を対象とするのか、徹甲弾を対象とするのかで、まったく変わります。徹甲弾を対象とすると重量が増加し、製造コストと製品価格も跳ね上がります。「防弾チョッキ」や「防弾ガラス」など一般的に防弾性能があるといわれているものも、その対象はほとんどが普通弾です。徹甲弾を対象とした防弾性能を施しているのは、車両ならば超VIP専用か軍用です。

当然、弾丸は口径が大きくなるとスピードと重さが変わるので、貫徹力は上がります。12・7ミリ以上の弾丸に対抗できるのは、軍用の装甲車か戦車しかありません。しかも、全面が12・7ミリの徹甲弾に対抗するとなると、かなりの重量になります。

次に②の弾丸が重いことと、③の先端面積が小さくことですが、この条件を満たす弾丸の形状は、釘のように細長いものとなります。そうすることで空気抵抗も減り、飛翔中もスピードが落ちません。材質もタングステンや劣化ウランのような質量が重い金属を使います。劣化ウランに関しては、放射性、毒性があるため、その製造、使用が問題視されています。

④の弾丸のスピードを上げるためには、高性能で多量の発射薬が必要で、そのエネルギーを無駄なく受けるために弾丸の後端の面積は大きくなければなりません。発射薬の量を増やすには薬莢を大きくする必要があり、弾丸の後端面積を大きくするには砲の口径を大きくする必要があります。口径の大きな砲で、後端面積が大きく、先端面積が小さい、細い弾丸を撃つのは、通常考えると無理があります。

そこで、この矛盾を解決するために考えられたのがサボーです。砲身内ではサボーが発射ガスの力を受け弾丸にスピードを与えます。砲口を出たあとは必要のないサボーが外れる構造にすれば、矛盾が解決されます。

このような構造のAPDSFSは、大きな貫徹力をもっています。砲口から発射される速度は1500メートル/秒を超えます。音速の約5倍、マッハ5のスピードです。弾丸が金属に当たったあとは、その高い圧力によって塑性流動《そせいりゅうどう》という現象が生じ、弾丸自体が溶けながら、金属を溶かして貫徹していきます。戦車の装甲もこのAPDSFSとの戦いです。世界中の兵器の中でも戦車のメイン装甲（車体や砲塔の正面、最も装甲が厚い部分）以外で、この弾丸の貫徹を防げるものはありません。

細長い形状のため、ほかの弾薬とは飛翔時の安定のさせ方も違います。通常、弾丸を発射したあと、飛翔を安定させるためにコマのような回転（軸回転）を与えます。ところが、このように細長い形状だと軸回転では安定しません。そこで細長い弾の後方に翼を付けることで安定させます。ちょう

装弾筒付翼安定徹甲弾（APDSFS）の装甲破壊のメカニズム

①

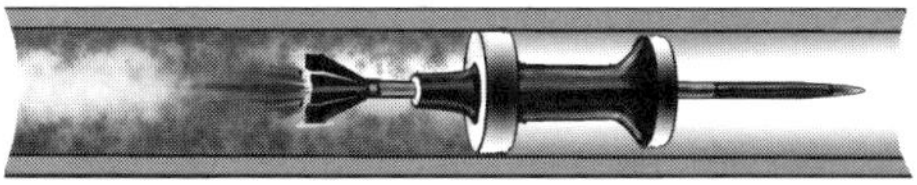

① 砲弾は薬莢底部の雷管を撃発、装薬（発射薬）の燃焼ガスの圧力によって発射される。安定翼つきの弾芯（弾体）は、砲身の内径と同じ直径の装弾筒（サボー）によって、まっすぐ砲身内を通過して、秒速1500mを超える初速で撃ち出される。

②

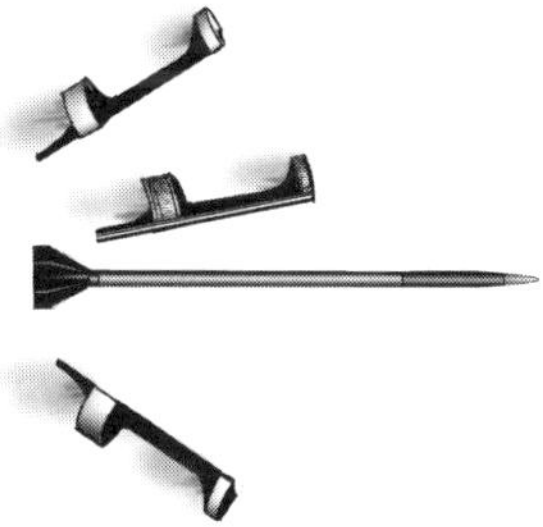

② 砲口を離れた砲弾は、装弾筒（サボー）が分離して弾芯のみが目標に向かって飛翔する。分離した装弾筒（3個に分割）は砲口のすぐ近くに落下する。

③

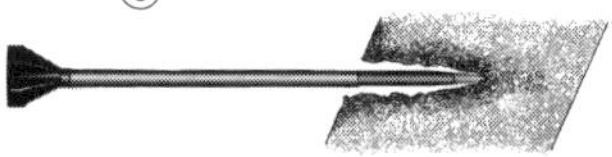

③ 弾芯の細長い形状は飛翔時の空気抵抗を小さくし、安定翼は弾道の安定を図っている。弾芯は高速で大きな貫徹力を保持したまま、目標（敵戦車など）の装甲に命中する。

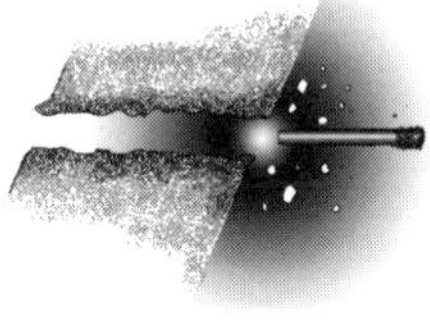

④

④ 命中した弾芯は高圧で圧縮され、装甲と相互に「塑性流動」という物理現象によって侵食を起こす。弾芯の先端は潰れながら装甲を貫徹していき、穿孔によって先端から急速にその長さを失っていくが、装甲の厚さに対して十分な長さがあれば、残った弾芯が装甲を貫通して目標内部を破壊する。このような原理から徹甲弾は「運動エネルギー弾」、弾体自体が爆発する対戦車榴弾は「化学エネルギー弾」ともいう。

どダーツの矢のような形をしています。名称に「翼安定」と付く所以です。戦車砲でダーツの矢を撃つわけです。

ライフリングがある戦車砲と、それがない戦車砲

ライフルというと銃（小銃）を思い浮かべますが、本来は銃身や砲身の内部にある螺旋《らせん》状の溝《みぞ》を指します。現在は小銃と区別するために「ライフリング」という用語を使います。日本語では腔線《こうせん》、施条《しじょう》と呼びます。ライフリングに弾が食い込み、弾丸がコマのように軸回転し、安定して飛びます（旋回と呼びます）。これがないと、弾丸はいろいろな方向に回転してしまい、射距離も短く、命中精度も悪くなります。というよりは、まったく命中しません。

　弾丸がライフリングに食い込んだ痕《あと》が施条痕《しじょうこん》（ライフルマーク）で、刑事ドラマなどで弾丸についた施条痕から、使った拳銃を特定する場面がしばしば描かれます。弾丸がライフリングに食い込むように、砲弾の外側は銅などの柔らかい金属が使われます。火砲用の砲弾は「弾帯《だんおび》」といって（陸自では小銃の弾倉入れや銃剣、水筒などを腰に装着するためのベルトの「弾帯《だんたい》」と区別するため、そう呼びます）、砲弾の一部だけに柔らかい金属を使用しています。

　現在の戦車砲には、このライフリングがあるものと、ないものがあります。陸自の戦車では61式（90ミリ）と74式（105ミリ）の戦車砲にはライフリングがあり、90式と10式はライフリングのな

い砲身（120ミリ）を搭載しています。このライフリングのない砲を「滑腔砲《かっこうほう》」または「滑空砲《かっくうほう》」といいます（陸自では滑腔砲と表記しても「かっくうほう」と呼んでいます）。

APDSFSは安定翼で飛翔を安定させるため、弾丸に旋回を与える必要はありません。逆に旋回は不必要となります。戦車砲用のもうひとつの主力弾種であるHEATも、旋回すると装甲を貫徹するためのメタルジェットが安定しないため、安定翼により飛翔します。つまり、APDSFSやHEATをメインの弾種とする最近の戦車にライフリングは不要ということになります。

ここで61式と74式はAPDSFSやHEATを撃てないのか？という疑問が生じます。どちらも、機能的には撃てますが、61式の90ミリ戦車砲は通常の徹甲弾（サボーを使用しない硬い材質の弾丸）を使っていました。74式の105ミリ戦車砲も当初はAPDSSS（サボーを使用した旋回安定弾丸）を使用し、1980年代になってAPDSFSを使用し始めました。SS（旋回安定）弾は旋回により安定させるため、弾丸形状を極端に細長くすることができず、貫徹力もFS弾に比べ落ちます。

1970～80年代は世界的に戦車の主力砲弾がAPDSFSに移行する時期にあたります。そのため、74式戦車は装備化以降、いろいろと改造が加えられた日本では珍しい装備品となりました（弾種を変えると射撃統制装置など、さまざまな装置を変える必要があります）。ちなみに、弾種にHEATはなく、粘着榴弾（HEP）を使用していましたが、複合装甲への対応やHEPの国内での射撃訓

74式戦車への砲弾搭載作業（1980年代中頃撮影）。粘着榴弾（HEP）を渡している隊員の足元に車内から出された発射後の撃ち殻薬莢が集められている。

練の制約のため現在の主力弾種はＨＥＡＴとなっています。

そこでもうひとつの疑問が生じます。ライフリングがある砲身からどのようにＡＰＤＳＦＳやＨＥＡＴを撃つのでしょうか。ライフリングがあるということは、弾丸はその溝に食い込み旋回するということです。何か旋回しないための工夫が必要となります。

ここで登場するのがスリップリングです。この部品を弾丸の周囲に取り付け、このリングだけを回転させ、弾丸本体は回転しないように工夫してあります。これを使えば、ライフリング砲身からでもＡＰＤＳＦＳやＨＥＡＴを発射することができます。ただし、新しく開発された戦車の砲にはライフリングはありませんから、スリップリングが必要になるのは、旧型戦車の砲でＡＰＤＳＦＳを撃つ場合だけです。

ところで、現在、陸自の最新装備のひとつである16式機動戦闘車の砲身はライフリングがあります。これは技術上の理由ではなく、後方支援（補給）の業務上、行政上の理由です。16式機動戦闘車の砲身の口径は74式戦車と同じ１０５ミリです。74式戦車と同じ弾種が撃てれば、在庫している既存の弾薬も使えますし、新たに１０５ミリ滑腔砲とスリップリングのない弾薬を開発するために経費を使う必要もなくなります。このような要求を満たせるのも国産ならではです。カタログ上のスペックや海外での運用実績だけで「国産」を否定することは、きわめて危うい発想です。

筆者は「国産ファースト」主義（国産も輸入もライセンス国産もそれぞれが重要という言い方で

は、国産の重要性が語れないのを痛感してきました）なので、国産の重要性を強く主張します。

近年、自衛隊が使用する装備品の中で輸入品が占める割合が急増しています。将来の維持・管理まで考えたときに輸入品がいかに多くの問題を抱えているか、本書でも随時触れています。日本陸軍の創始者ともいわれる大山巌元帥の「兵器の独立なくして、国家の独立なし」の言葉を今こそ再認識するときです。

コラム② 戦車搭載の重機関銃の問題点

戦車は通常、３種類の火器を搭載しています。10式戦車であれば、主砲の１２０ミリ戦車砲、戦車砲のすぐ横に並んで取り付けられている7・62ミリ同軸機銃、そして砲塔の上部に搭載している12・７ミリ重機関銃です。日本の戦車だけでなく、世界各国の戦車も搭載している火器は異なりますが、ほぼ同様の構成です。

同軸機銃は対人用、重機関銃は対人、対車両、対空と多目的に使用します。対空射撃に使用する場合は命中精度に欠けるため、あくまでも最終手段です。航空脅威に対しては、通常、対空兵器による支援が必要です。対人用としては、戦車にとって大きな脅威である歩兵が携行する対戦車用のロケットやミサイルが目標です。これも通常、歩兵の支援が必要です。したがって、戦車の戦闘行動には、戦車の弱点を補完するため、歩兵や対空兵器と協同するのが基本です。さらに火砲による支援も不可欠です。同軸機銃は車内からの操作で撃てますが、重機関銃は砲塔から身体を出さないと撃てません。当然、車内に比べ、ひじょうに危険な状態です。61式戦車は手動ながら車内からの操作で撃てました。現在の技術では電動で車内からリモートコントロールすることも可能ですが、問題なのは視界です。

人の視野はとても広く、頭と身体を少し動かすだけで、瞬時にほぼ全周を見渡すことができます。これをテレビカメラやヘッドマウントディスプレイ（ヘルメットなどと一体化した画像モニター装置）などを用いて、車内から可能とするのは、現代の技術でもかなり難しいことです。これを実現しようとすると、戦車の車体がカメラだらけになってしまいます。

この人間が備えている視覚や聴覚の高性能なセンサーを使いながら、敵が潜んでいそうな場所を重機関銃で制圧しながら前進すれば、戦車が対戦車ミサイルやロケットの標的になる確率が下がります。現在の戦車が搭載するモニターで、これを行なうのは不可能です。車外に頭や身体を露出させる危険よりも、車内で監視することで対戦車火器の標的になる危険が大きいということです。

ただし、現在のこの分野の技術的進歩はひじょうに速いため、次世代の戦車では、画期的なセンサーとモニターやディスプレイの組み合わせで車外にいるのと同じ視界が得られる装置が実現する可能性がありります。そうなると、すべての操作は車内でできることになります。さらには遠隔操作による無人戦車も登場するかもしれません。

第2章　軍用車両のメカニズム

軍用車両に用いられる民間車両の技術

火器や弾薬、誘導弾と違って、装甲戦闘車両以外の軍用車両の基本的な技術は民間用と同じで特別なものはありません。われわれが日常的に目にするトラックや土木建設用車両など「働く車」と技術的にはほとんど共通です。一例では、陸自が装備している高機動車（トヨタ自動車製）は、民間向け仕様が多目的車「メガクルーザー」として販売されていました。エンジンや車体の基本構造は高機動車とほぼ同一です。

車両の構造・機能の基本は、動力となるエンジン、動力をスムーズに走行装置（タイヤや履帯）に伝え、速度をコントロールするトランスミッションやトランスファー、実際に車を動かす走行装置、

高機動車は普通科部隊の機動力向上のため1993年から配備された多用途車両で、人員輸送用（10人程度）、資機材運搬用（積載量1500kg）のほか、重迫撃砲の牽引車、後部荷台を用いて各種の誘導弾発射機、通信・電子機材、レーダーなどの搭載車として広く活用されている。

方向を変えるステアリング装置、ブレーキなどの制動装置、走行を安定させるサスペンションなどです。

軍用車両では、さまざまな地形を走破できるように、これらの機能に特殊な技術が用いられており、その仕組みはかなり専門的になってしまいます。兵器技術の説明をするのに、イメージとしては最も簡単そうな車両の説明が最も難しいというのが面白いところです。装輪車については、さまざまな地形を走破するという点では、ラリーなどに使用する競技用車両や土木建設用車両と軍用車両は技術的にはほとんど変わりません。

そこで、一般的な乗用車やトラックを民用車両の基準として、軍用車両の特性を説明していきます。軍用車両特有の技術もありますが、かなり専門的になってしまいますから、本章で紹介するテーマは一般的になじみ深いものに限定します。

軍用車両のエンジン

まずは、車の心臓部であるエンジンです。戦車などの特殊なエンジンについては前述（18ページ参照）しましたので、ここではそのほかの車両のエンジンについて解説します。

じつは軍用車のエンジンは民間車両用のエンジンをそのまま使用している場合がほとんどです。陸自の装備品についても、装輪装甲車や偵察警戒車などの装甲（戦闘）車両にも民間車両と同じエンジンを使用しているものがあります。これも意外と知られていない面白い知識です。

民間車両とまったく異なるエンジンを使用しているのは、戦車を筆頭とした「系列車両」や車体重量の重い戦闘車両です。ここでいう系列車両とは、同時期に戦車、装甲車を開発し、整備性や開発費の低減を考えて極力同一の部品を使用した車両です。国産装備品の例としては、61式戦車と60式装甲車、74式戦車と73式装甲車のエンジンは排気量と出力は違いますが、基本構造は同じです。構成部品が同じであれば、整備性がよくなります。

また、最近の装備品の開発では調達価格の低減が求められているため、新規開発をなるべく最小限に抑えて、既存の技術、民生品を使うことが多くなっています。なお、軍用車両に民間車両と同等の

1/2 tトラック（小型トラック）は指揮、連絡、人員輸送用に広く使用されている多用途車両。（写真：陸上自衛隊HP）

エンジンが使われているのは意外かもしれませんが、エンジンに求められるのは小型で出力が高いことですから、大型トラックに使われるエンジンに要求される性能とあまり変わりません。車両技術については、民間技術として日々進歩していますから軍用としても十分使えます。

軽油や灯油が多用される軍用車両

軍用車両に搭載するエンジンには独特の選定基準があります。軍用車のエンジンには性能がよいからといって、ガソリンエンジンは使いません。ガソリンは揮発性が高く燃焼の引火点が低く、火花などですぐに燃えるため、銃弾が飛び交う戦場で行動する軍用車に不向きな燃料だからです（第2次世界大戦～

戦後期の一部の軍用車にはガソリンエンジンも使われていました）。

燃料は種類によって、燃えやすさなどの特性が異なります。燃えやすさを表す基準として引火点と発火点があります。引火点とは火を近づけたときに燃える温度で、発火点とは火がなくても燃料が自然に燃える温度です。発火点は通常高温のため（ガソリンで摂氏250度前後、軽油や灯油で摂氏200度前後）、燃料の管理で重要なのは引火点です。軽油や灯油の引火点が40度以上なのに対し、ガソリンはマイナス40度以下です。よほど極寒の地でない限り、火を近づければガソリンは引火します。

軽油や灯油でも高温になれば引火するので決して安全ではありませんが、ガソリンに比べると扱いやすい燃料です。日本は夏でも一日中、気温が40度以上になることはありませんから、保管だけ考えるならば直射日光の当たるところに置かなければ軽油や灯油は温度が引火点に達することは、まずありません。

したがって、軍用車両では通常、軽油や灯油を燃料としたエンジンが多くの点で有利です。自衛隊のほとんどの車両も、軽油を燃料としたディーゼルエンジンが使われています。海外ではガスタービンエンジンを搭載した戦車も開発されていますが、燃料は航空機に用いるジェット燃料で灯油に近い成分ですから、引火点も灯油とほぼ同じです。

ガソリンエンジンは、ディーゼルエンジンと比べ小型・軽量なため、小型車両には適しています。オートバイなどはその好例です。車両ではありませんが、小型の発電機もガソリンエンジンを使用しています。

トランスファー、デファレンシャル、最新のＬＳＤ

軍用車両に求められる能力で、民間用車両と大きく違うのは不整地走破性能です。民間用車両が走るのは、今ではほとんどが舗装された道路です。平らで、極端な坂道もありません。冬季の積雪時を除けば、通常の走行でスリップすることもありません。民間用車両の性能として求められるのは、不整地走破性能ではなく乗り心地や安定性ですが、今ではこれらの性能がよいのは当然で、安全性や燃費、環境適合性に重点が移ってきています。

軍用車両も一般道を走りますが、一般道から外れて舗装されていない道路や道路以外の不整地も走る必要があります。不整地を走るのに、駆動力と最低地上高（地面から車体のいちばん低い箇所までの垂直距離。日本の保安基準では普通乗用車で9センチと定められている）が大きいことが絶対条件です。

凹凸がある場所や急斜面を登り、滑りやすい路面を走るための駆動力に必要な機構がトランスファーです。車両の速度を上げるためのギヤチェンジをするのがトランスミッションで、動力を前後の車輪に伝え低速と高速の切り替えもするのがトランスファーです。要するに全輪駆動（小型車両では4輪駆動）と2輪駆動の切り換えを行なうとともに、通常のギヤチェンジの1速（ローギヤ）以下の低

3・1/2ｔトラック（大型トラック）は人員、資機材の輸送用のほか、短距離地対空誘導弾発射機や通信・電子機材、衛生・化学機材の搭載車、燃料タンク車、ダンプカーなど各種の派生型がある。

速のギヤチェンジができる機構です（低速にすることで駆動力が上がります）。

乗用車では４輪駆動はかなり普及しているので珍しくはありませんが、大型トラックで前輪まで駆動する車両はほとんどありません。大型のトラックでは３軸６輪になりますから、６輪駆動です。自衛隊が装備している大型のトラックも６輪です。滑りやすい路面や凹凸がある場所を走る場合、前輪が駆動するのは圧倒的な力を示します。また急斜面を登るときや凹みから脱出するときの全輪駆動と低速によるパワーは必須です。

デファレンシャルとは、エンジンからの動力を左右の車輪に「回転差をつけて」配分する機構です（このため差動装置と呼ばれます）。車両が曲がるときは、内側と外側の車輪が転がる距離が違います。外側が長く、内側は短くなります。つまり、内側の車輪よりも外側の車輪は多く回転するわけです。デファレンシャルがなく左右均等に動力を配分すると車両はうまく曲がれません。2輪車や動力がない車両には必要ない装置です。

デファレンシャルは、3種類のギヤを組み合わせた機構により、左右の車輪のうち負荷の少ない方に動力が配分されるようになっています。車両が曲がるときは内側の車輪に負荷がかかるため外側の車輪に多く動力が配分され、左右の車輪に回転差が生じ、スムーズに曲がることができます。

このように車両には不可欠なデファレンシャルですが、軍用車両にとっては大きな問題点があります。どちらかの車輪が脱輪したり、滑りやすい状態になった場合、片側の車輪の負荷が極端に少なくなり負荷の少ないほうに動力がすべて配分されるため、片側車輪が空転してしまいます。民間用車両でこのような状態になることは稀ですが、不整地走行中の軍用車ではよく起こります。ちなみに、このようにスリップして脱出できない状態を「亀の子」と呼びます（戦車など装軌車では車体の底が地面の凸部に接触して履帯が空回りして、走行不能に陥る状態も同じく「亀の子」と呼びます）。

そこで、片側のみに動力が伝わらないように、左右の車輪に均等に動力を配分することができる装置が必要となります。デファレンシャル機構をロックするという意味で、これを「デフロック」と呼びます。車両が脱輪した場合や極端に滑りやすい路面を走る場合には効果を発揮しますが、やはり旋回性能が低下するため車両は曲がりにくくなり走行性能は落ちます。

1·1/2tトラック（中型トラック）は人員、資機材の輸送用のほか、救急車、通信・電子機材などを搭載した派生型がある。（写真：陸上自衛隊HP）

そして、デフロックの欠点を改善したのが「リミテッド（ノン）・スリップ・デフ（LSD）」です。通常走行で曲がるときには通常のデファレンシャルとして機能しますが、片側車輪が空転するような負荷の差が発生すると、デファレンシャルの差動機能を制限して両方の車輪に動力を伝えます。最新式のLSDはコンピューターが走行状態を感知して、最適の差動制限をします。ラリーなどの競技用車両に主に使われていますが、軍用車両ではそこまでの機能は必要ありません。

最低地上高を確保する

不整地走破性能に必要不可欠な最低地

上高を確保するために第一に必要なのが車輪の大きさです。ただし、走行性能とのバランスがありますから、極端に大きくすることはできません。軍用車両のうちトラックや装輪式の戦闘車両は高速道路などを長距離走行しますから、安定した高速性能も必要となります。工事現場などで使う専用車両であれば、高速性能は必要ありませんから大きな車輪を使用できます。

車輪には、これを回転させ固定するための車軸が必要です。車軸が車輪の中心にあり真っ直ぐであれば、車輪の半径弱が最低地上高になります。しかし、車軸はエンジンからの動力を伝えるためのデファレンシャル、ファイナルギヤとつながっているため、この装置の大きさだけ最低地上高は低くなります。

ファイナルギヤとは、エンジンから変速機を経由した回転数を最終的に減速して車輪の回転数にする装置で、通常はデファレンシャルと一体化しています（そこで一般的にはこの一体化した装置を「デフ」と呼んでいます）。回転数を下げるためには小さなギヤと大きなギヤを組み合わせるため、どうしてもある程度の大きさが必要となり、これが最低地上高を制限してしまいます。筆者の経験でも、不整地で車両が路面の凹凸で走行できなくなるのは、デフが路面と接触する場合がほとんどです。

そこで、車軸にあるファイナルギヤを小さくするために、最終減速を2段階で行なう技術が最近では使われています。車軸と車輪をプラネタリーギヤ（遊星歯車）でつなぎ、最終的な減速を行ないます。これで、ファイナルギヤの減速を減らすことができ、ギヤを小さくしてデフを小型化できます。

CH-47輸送ヘリコプターで空輸中の高機動車と120mm迫撃砲RT。軍用車（自衛隊専用仕様車）には不整地走破性能のほかにも、高い登坂性能、多種多様な環境（積雪寒冷地、酷暑地）での長期間の運用にも耐える堅牢性、渡河性能、ヘリコプターによる懸吊や落下傘による空中投下に耐える構造上の強度などが求められる。

しかし、デフをいくら小さくしても、車輪の半径以上の最低地上高を確保することはできません。そこで登場するのがハブリダクションです。車軸から動力を伝えるギヤを上に、車輪に動力を伝えるギヤを下にして組み合わせると、車輪の中心よりも上に車軸を配置することができます。これで、車輪の半径以上の最低地上高を確保できる訳です。同時に、プラネタリーギヤの代わりにハブリダクションで最終減速をできるため、デフを小さくすることができます。

ハブリダクションは、最低地上高を確保するためにはとても有効な装置ですが、構造が複雑になるため価格に反映します。オフロード用の民間用車両も、これを装備している車種は少数です。世界的にもハブリダクションを使用しているのは、ほとんどが軍用車両です。

余談ながら、ハブリダクションは最低地上高を低くすることもできます。最近多いのが、低床のノンステップバスに利用されています。大型車両では車両の大きさに応じて車輪も大きくなるため、どうしても車高が高くなります。軍用車両とは反対に車軸を車輪の中心よりも下にすることによって車高を低くして、乗り降りが楽な車両を実現しています。

被弾や悪路に強い軍用車両のタイヤ

軍用車両に使用されるタイヤも、いろいろな工夫がされています。その代表的な技術がランフラットです。パンクして空気圧がゼロになっても走れるタイヤで、装輪式の戦闘車両はほとんどがランフラット・タイヤを装着しています。民間用車両のタイヤにも使用されていますが、ごく一部の車種だけです。自衛隊の車両でもすべてに使用されているわけではありません。運用目的とコストでランフラットを使用する車両が決まります。

ランフラットにも2種類のタイプがあります。民間用車両で多く使用されているサイドウォール強化タイプと軍用車両で多用されている中子《なかご》タイプです。

サイドウォール強化タイプとは、タイヤのサイドウォールと呼ばれる地面と接触しないホイールにつながっている部分の強度を高めることで、パンクしてもタイヤの形状を保ち安定した走行ができる

22.5インチのランフラット・タイヤ（コンバット・タイヤ）を装着した軽装甲機動車。タイヤは写真の凹凸の大きいブロック型のほか、トレッドパターンが細かいスタッドレスタイヤも用意されている。

ものです。中子タイプは、タイヤの中のホイールに金属製（最近は樹脂製もあります）のリングが装着されていて、パンクした時にはこのリングがタイヤの形状を保持します。タイヤの中に金属製のタイヤがあるとイメージしてください。

戦闘車両に代表される軍用車両は、通常のパンクだけではなく被弾によるパンクを前提としてランフラット・タイヤを装着しています。被弾の場合は地面との接触している部分が損傷するわけではなく、サイドウォールの部分が損傷します。つまり、サイドウォール強化タイプではランフラット・タイヤの役割を果たせません。必然的に中子タイプを選択せざるをえなくなります。

タイヤのトレッドパターンも軍用車両は特殊です。タイヤの地面と接触する部分には、凹凸の溝が刻まれています。これをトレッドパターンと呼びます。タイヤの駆動力、制動力や車両の操縦性、安定性、また、雨や雪道での排水性やグリップのために、さまざまなパターンが刻まれています。

通常走行用のタイヤでは、操縦性や安定性、静粛性、雨天時の排水性を重視したリブ型か、リブ型とブロック型の組み合わせのパターンが刻まれています。雪道用のスタッドレスタイヤでは、排水性と雪へのグリップを重視し、滑りやすい路面での駆動力と制動力を確保しています。一般の車両ではほとんど使用されていませんが、泥濘地などの悪路用のタイヤではラグ型と呼ばれるパターンが刻まれています。土木建設用車両などでよく見かけます。不整地走破性能が必要な軍用車両には適したパターンです。

通常走行用のリブ型やリブ型とブロック型の組み合わせのトレッドのタイヤでは雪道は走れませんし、雪道用のスタッドレスタイヤも通常走行は可能ですが、操縦性や安定性が劣るため、高速走行時などには注意が必要です。同様にラグ型は泥濘地でひじょうに強さを発揮しますが、高速走行では操縦性、安定性が劣ります。あらゆる路面に万能なトレッドパターンはありません。

軍用車両では泥濘地などの悪路でも走行できなければならないため、過去にはラグ型のトレッドパターンのタイヤが多く使われていました。近年では高速走行も重視されるようになったため、悪路走行での走破性能を多少犠牲にして、ブロック型のパターンの採用が多くなっています。筆者の経験でも、ラグ型からブロック型にパターンが変わったときは、悪路走破性能がかなり落ちた印象をもった記憶があります。反面、高速では安定した走行ができるようになりました。

トレッドパターンだけで、高速走行性能と悪路走破性能を両立させるのは不可能です。そこで登場するのがタイヤの空気圧調整です。通常走行、高速走行では空気圧を少し高めに、滑りやすい泥濘地などでは低めに設定します。

空気圧の低いタイヤで高速走行するのは、きわめて危険です。高速回転によりタイヤが波打つスタンディングウェーブ現象が起こり、そのまま走り続けるとタイヤがバースト（破裂）します。したがって、通常はタイヤの空気圧を低くすることはありません。空気圧は規定の圧力よりやや高めに設定したままです。

泥濘地などを走破する能力はタイヤと地面との接地面積が大きく影響します。接地面積が大きいほど走破能力は高くなります。タイヤの空気圧を低くするとタイヤが潰れる分だけ接地面積が大きくなりますから、泥濘地では空気圧を低くすればいいわけです。タイヤの空気圧を運転席で自由に調整できれば、簡単に通常走行から悪路走行へ、悪路走行から通常走行へ移ることができます。軍用車両とラリーなどの競技用など一部の車両にしか必要のない特殊な機能といえます。

余談ながら、軍用車と同様に特殊なF1（自動車レースの最高峰）などに出場するレーシングカーも、タイヤの機能は乗用車のそれとはまったく異なります。タイヤの回転で車が走るのはタイヤと路面との間に生じる摩擦力によるもので、アイスバーンなどの摩擦がほとんど発生しない滑りやすい路

96式装輪装甲車は、装軌式の60式、73式装甲車の後継として採用された装輪式の装甲兵員輸送車で、装着している４軸８輪のタイヤ（直径約110cm）は空気圧調整装置により接地圧を変えることができる。

面ではタイヤが空転してしまいます。超高速で走行するレーシングカーも、ふつうのタイヤでは回転が速すぎるために空転してしまいます。そこでレーシングカーが装着するタイヤは、高速回転の熱で接地面のゴムが溶けることで生じる粘りで路面との間に摩擦力を作り出します。つまり、レーシングカーはタイヤを溶かしながら走行しているわけです。レース中に何度かピットインしてタイヤ交換するのもそのためです。兵器技術ではありませんが、極限を追求する特殊な世界では、日常では想像もできない技術が使われています。

第3章　火砲のメカニズム

迫撃砲のメリットとデメリット

第1章では戦車砲やその弾薬について解説しましたが、本章では迫撃砲や榴弾砲などの野砲をテーマに火砲の構造・機能について概観していきます。

火砲を構成するメカニズムの中心は当然ながら砲身です。発明されてから間もない昔の大砲は砲身だけといってもいい構造です。弾を砲口から込める火砲はとりあえず砲身だけあれば撃てます。現在でも迫撃砲は砲口から弾を込めるので、ほぼ砲身だけの構造です。

迫撃砲の場合、高射角（砲身が直立に近い状態）で発射しますから、反動をうまく地面で吸収することができます。ただし、反動を分散できる構造にしないと、砲身が地面に食い込んでしまいます。

たとえば、81ミリ迫撃砲の場合は、砲身を乗せる円盤のような構造の底盤《ていばん》がこの役割を果たしています。砲を設置する際に、この底盤を置く地面の石などをきれいに取り除かないと力が一か所に集中するため、底盤が割れてしまいます。

構造が簡単なぶん、発射時の反動を吸収するのに限界があり、弾丸の初速をあまり速くできません。また、砲口から弾を込めるため砲身を長くすることができません。火砲は一般的に砲身が長いほど発射薬の力を長時間活用できるので射程は長くなります。迫撃砲は高射角で初速が遅いため、射程が短く、命中精度が低いのが特性です。

ここまでの説明では、迫撃砲はデメリットばかりですが、このデメリットの裏返しがメリットになります。構造が簡単

81ミリ迫撃砲L16はイギリスで開発された軽量の迫撃砲。1992年度からライセンス生産により装備。

120ミリ迫撃砲RTはフランスで開発された車両牽引式の重迫撃砲。普通科部隊の重迫撃砲中隊に装備されている。車両牽引時は砲身先端に取り付けた牽引具により連結する。

で、弾の初速を抑えているため、小型軽量化でき、運搬に便利です。81ミリ迫撃砲は砲身、底盤、砲架《ほうか》（支持架）の主要パーツに分解して人の手でも運搬できます。さらに小型の60ミリ迫撃砲では砲身長が80センチメートルほど、重さが20キログラムほどなので１人で携行、射撃できるので簡便に運用できます。

　現用の迫撃砲ではいちばん大きいクラスの１２０ミリ迫撃砲（ＲＴ）でも中型の車両（陸自では高機動車）で牽引できます。かつて陸自でも野戦特科（砲兵）部隊の主要火砲のひとつだった１０５ミリ榴弾砲（Ｍ２）は、１２０ミリ迫撃砲よりも口径が小さいのに全長、重量とも大きく構造も複雑です。牽引も大型トラックが必要です（１０５ミリ榴弾砲は１９９７年度に野戦特科部隊の装備品としては退役しました

105ミリ榴弾砲M2。保安隊創設直後からアメリカの供与で装備、「軽砲」「10榴」の通称で特科部隊の主力野砲として長く使用されてきた。写真は発射後、閉鎖機の開放とともに金属製薬莢が排出されているのが見える。

が、現在でも数門が残され、礼砲用として使用されています）。

迫撃砲も砲と弾薬の性能が向上して、最大射程も同クラスの榴弾砲と同等以上です。弾を砲口から込めるため、発射速度が高いのも利点です。発射したら直ぐに次弾を撃てます。

発射速度には最大発射速度と持続発射速度がありますす。いずれも1分間に何発発射できるかを表します。最大発射速度は、その火砲がもつ性能の最大限の値です。しかし、最大発射速度で撃ち続けることはできません。砲身が過熱して精度が低下し、限界を超えると砲身と弾が焼き付いてしまいます。駐退機や本体に負荷がかかりすぎて砲が壊れます。砲が故障することなく、射程や命中精度を維持して撃てるのが持続発射速度です。火砲を運用するためには持続発射速度が重要です。

迫撃砲の砲身は、ライフリングのない滑腔砲が主流です。ライフリングがあると、砲口から弾を込めるときに引っかかります。滑腔砲は発射した弾丸が旋回しないため、このタイプの迫撃砲弾は安定翼が付いています。

陸自が装備する120ミリ迫撃砲（RT）は、砲身にライフリングがあります。砲口からスムーズに弾が込められるよう、弾にライフリングと噛み合う溝が切ってあります。弾丸は旋回安定です。弾丸に安定翼があると空気抵抗が増え射程が短くなるのと、風の影響を受けやすく命中精度が低下します。口径が大きくなるほどこの傾向は強まります。120ミリの大きさの弾丸では、ライフリングによる旋回安定が有利です。

昔の大砲は砲口側から発射薬を込めたあと、弾丸を込めていました。火縄銃も同様です。これでは弾込めに時間がかかります。迫撃砲の場合は、砲弾の下部に発射薬が装着されていて弾を込める（砲弾を両手で持って砲口から砲身内に落し込む）だけで発射できます。砲身の底にある撃針が、砲身内を滑り落ちる砲弾の力で点火薬を叩き、発射薬に点火します。

迫撃砲は、砲弾を砲尾から装填する（後装式）火砲に必須の閉鎖機や駐退機など、複雑で砲の大きさと重量を増加させる機構がないこと、少ない人員で運用できることが、最大のメリットです。

火砲第二の主要機構「閉鎖機」

迫撃砲以外の火砲はすべて後装式です。後装式の火砲は砲身を長くすることができ、大きい砲弾を長射程で撃つことができます。そのため、さまざまな複雑な機構が必要となります。その代表的なものが閉鎖機《へいさき》、駐退機《ちゅうたいき》、平衡機《へいこうき》です。ここからはこれらのメカニズムについて解説します。

砲兵火力の主体、火砲の中核をなすのは榴弾砲です。射程も弾丸の威力も迫撃砲の倍以上です。迫撃砲の射程は十数キロメートルが限界なのに対し、榴弾砲は30キロメートルを超えます。火砲の進化は、砲弾を砲尾側から装填することによるものです。そして、後装式にするためには砲尾を開閉する閉鎖機が必要不可欠です。

火砲の射程を伸ばすためには、発射薬を高性能化、増量し、砲身を長くする必要があります。弾丸が発射薬のエネルギー（ガス圧）を長時間受けるためには、砲身は長いほうが有利です。しかし、ガス圧は時間経過とともに低下しますから、それとの関係で適正な砲身長が決まります。

砲身が長くなると砲口から弾を込めることはできません。また、砲の最大射程が得られる射角は理論上45度であり、射角が小さいと迫撃砲のように砲口から込めた砲弾がスムーズに落下しません。戦車のように砲塔内に人がいる場合は、砲口から弾を込めることは不可能です。必然的に後ろから砲弾を装填する必要性が生じます。弾を込めた後は砲尾を完全に塞《ふさ》がなくてはいけません。これが閉鎖機です。

155ミリ加農（カノン）砲M2。保安隊創設直後からアメリカの供与で装備していた牽引式の長射程火砲。

迫撃砲を除く火砲には、すべて閉鎖機がありま
す。ちなみにひと昔前は、口径長（砲身の長さを口径の値で割った数値。これが大きいほど砲身が長く、射程距離が大きい）が長く、低弾道のものを加農砲（カノンあるいはガン）、口径長が短く高弾道のものを榴弾砲（ハウザー）と区分していましたが、現在では榴弾砲で統一されています。旧ソ連軍では、その中間のガン・ハウザーというものもありました。

さて、砲弾装塡後、砲尾を塞ぐといっても、ペットボトルの蓋のようにはいきません。閉鎖機には、弾丸を発射するための高い圧力がかかるため、複雑な機構が必要です。発射ガスが漏れると、弾丸に十分な圧力が伝わりません。砲を操作する人員も、漏れた発射ガスの危害が及ばないように避難しなければなりません。弾を撃つたびに

避難していたのでは、発射速度が極端に遅くなります。
ガス漏れを防ぐために、閉鎖機をねじ式にして何度も回して閉鎖する機構にすると時間がかかり、やはり発射速度が遅くなります。短時間で開閉できる機構が必要となります。発射ガスの圧力で壊れないことは当然として、できるだけ小型で軽量であれば、取り扱いも容易で砲全体の軽量化にもつながります。

105ミリ榴弾砲M2の砲尾。写真上は閉鎖機を開いた状態で、右上に見えるレバーを手動で押し引きしてブロック形状の鎖栓が横方向に動いて開閉する。写真下は閉鎖機を閉じた状態。

このようなさまざまな要求に応えるため、大砲が開発されて以来、閉鎖機の仕組みは、いろいろと工夫がなされてきました。現在では、だいたい2種類の形式に集約されています。「隔螺式《かくらしき》」と「鎖栓式《させんしき》」です。隔螺式は栓をねじ式にして閉鎖し、鎖栓式は栓をスライドして閉鎖します。榴弾砲は隔螺式が、戦車砲は鎖栓式が主流で

1996年まで装備されていた牽引式の203ミリ榴弾砲M2の砲尾。写真は隔螺式の閉鎖機を開いた状態で、ねじ切りが一部だけされているのがわかる。

す。

隔螺式はねじ式で閉鎖するといっても、最近のものでは六分の一回転で開閉できるように、ねじが工夫されています。薬室（砲弾を装塡する場所）側のねじと栓のねじを全周に切らず、一部だけにして、それぞれのねじ切りされた部分と、ねじ切りのない部分を合わせて、栓を押し込み回せば少ない回転で閉鎖できます。

鎖栓式は、薬室の後方に溝を設け、そこにブロック状の栓をスライドさせるかたちで閉鎖します。この方式ではねじ式のように薬室側に対する圧力が加わらないため、閉鎖を完全にするために高度な技術が必要です。砲弾の薬莢は、砲身内では閉鎖の働きもすることから、鎖栓式の閉鎖機は、戦車砲など薬莢のある弾薬を用いる砲で多く使われます。

薬莢は、ガス漏れを防ぐためにも大きな役割を果たしています。発射薬に点火すると、発射ガスの圧力で薬莢が膨らみ、薬室と密着することでガス漏れを防ぎます。薬莢の材質は銅や軟鋼、アルミなどの比較的柔らかい金属が使われます。ガス圧との関係、材料や製造のコストなどの要素により材質が決まります。薬莢については、弾薬の構造・機能で後述します。

発射速度向上に不可欠な「駐退機」と「複座機」

第１章の戦車砲の砲口制退器（32ページ参照）で、射撃時に弾丸を発射するときの大きな反動について説明しました。火器は制退器をはじめ、砲弾を給弾したり排莢（弾丸を発射後の撃《う》ち空薬莢《がらやっきょう》の薬室からの排出）するための遊底《ゆうてい》、迫撃砲の底盤など、いろいろな機構で砲弾発射の反動を吸収していますが、そのメインの装置が「駐退機」です。

弾丸発射直後の反動は簡単に計算できます。作用、反作用の運動量保存の法則で、（弾丸の重さ×弾丸のスピード）＝（火砲の重さ×火砲のスピード）となります。「火砲のスピード」とは反動で火砲が動くスピードのことです。真空、無重力状態のなか、代表的な野砲（１５５ミリ榴弾砲クラス）で射撃した場合、（40キログラム×９００メートル／秒）＝（９０００キログラム×火砲のスピード：４メートル／秒）となり、弾丸を発射した反動で４メートル／秒、時速14キロメートルで火砲が後退することになります。これに発射ガスが砲口から出るときの反動が加わります。

火砲（野砲）の構造

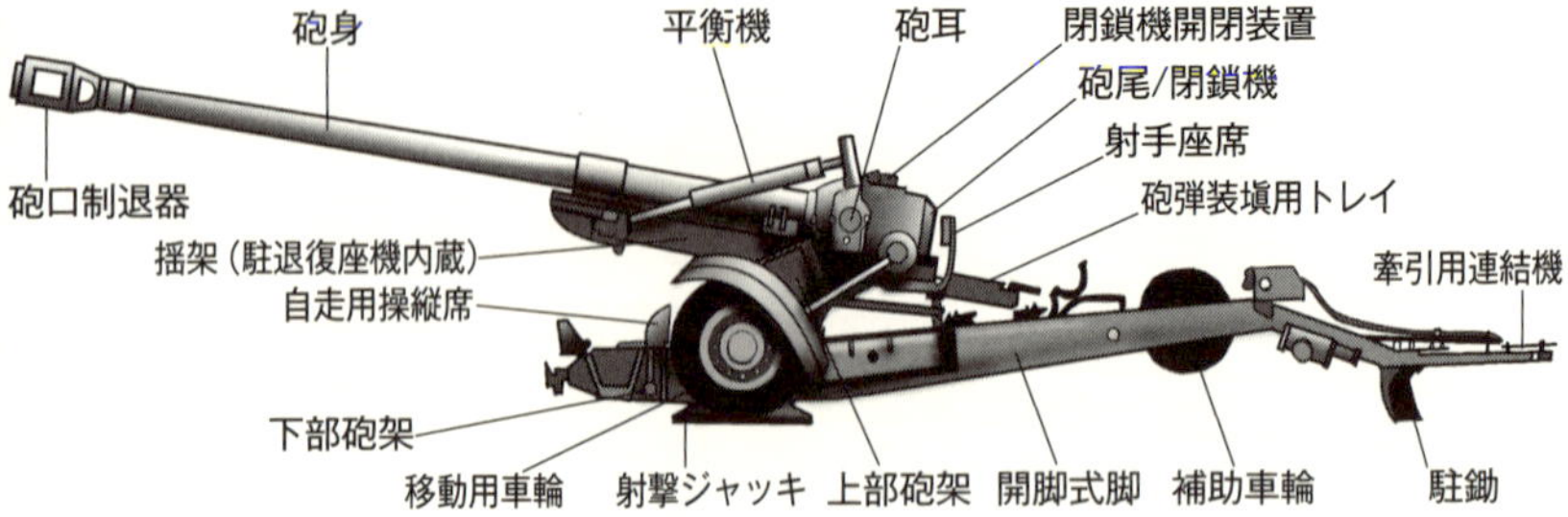

牽引式野砲を構成する主要な部位は、砲身を中心に上部砲架、下部砲架、揺架（ようか）、平衡機、脚、移動用車輪などからなる。砲身が砲尾に近い位置（砲耳）で支えられている場合、砲身の俯仰（上下）のバランスをとるための装置が平衡機で、ばね、油圧、気体（ガス）圧などを用いた方式のシリンダーを介して砲身や揺架を支えている。揺架は砲身とともに発射時に後座する部分を収容し、後座復座のガイドになるとともに砲耳を軸に回転して砲を俯仰させる装置で、現用の野砲の多くは揺架の中に駐退復座機が組み込まれている。

最初の反動だけでも、重さ9トンもある火砲を時速14キロメートルのスピードで動かす力となります。しかも、かかる力は、発射薬の点火から弾丸、発射ガスが砲口を出るまでの一瞬です。この反動を制止させたままの火砲で受けるとなると、かなり頑丈に作らなければなりません。長射程で威力のある火砲を作ろうとすると、必然的に固定式となってしまいます。

また、射程と威力を犠牲にして、移動式の火砲を作ったとしても、反動で砲が動き照準が狂いますから、発射のつど、照準を修正する必要があり、発射速度が落ちます。射撃の反動をいかに処理するかが火砲の性能に大きく影響するわけです。

そこで登場するのが駐退機と復座機で

射撃中の155ミリ榴弾砲M1。発射の瞬間、砲身が後座している。

す。ひとつの装置に両方の機能が組み込まれているものは駐退復座機（装置）と呼ばれます。駐退機で反動をスムーズに受け止め、復座機で元の位置に砲身を戻せば、照準を修正することなく、続けて射撃ができます。

この際、砲身が反動で後ろに下がるのを後座といい、後座する距離を後座長といいます。後座長を長く設計すればスムーズに反動を吸収できますが、駐退、復座に時間がかかり、発射速度が落ちます。また、榴弾砲の場合、高射角で撃つと砲尾が地面に当たってしまいます。戦車砲であれば砲塔の内部にぶつかります。後座長を短く抑えて、反動をスムーズに吸収するのが駐退機の役目です。

駐退機と復座機の構造もさまざまです。基本的には、注射器のように先端の小さな穴から液体を押し出すと、ゆっくりとピストン（内筒）が動く原理を利用しています。はじめから穴が小さいとピストンを押す力（反動）を吸収できないので、最初は穴が大きく、だんだんと小さくなり、穴が塞がれたときにピストンが止まる様子をイメージして下さい。

この方式の駐退機の場合、液体を押し出すピストンを円錐形にすれば、出口を少しずつ絞れます。最終的にはピストンと出口が同じ経になり、後座が止まります。この場合、復座にはバネを用いる方式が採られます。

注射器の先端にガスの入った容器をつなげば、注射器から出た液体がガスを圧縮して次第にガス圧が高まり、圧力が限界となったところで後座が止まる方式の駐退機もあります。この場合、圧縮されたガスが元に戻ろうとする力で液体を注射器に戻し、砲身が復座します。この方式では液体の出口の太さとガス圧を最適にすることが重要です。

戦車砲や自動装填式の火砲では、砲身が後座したときの力で閉鎖機を開き、戦車砲では薬莢が排出される仕組みになっています。戦車砲では、手動式でも自動装填式でも、弾込めをすると、バネや閉鎖機の重さで砲尾が閉じます。

映画などで戦車や火砲が出てきますが、発射したときに砲身が一度後退して戻る動きをしていないものは、制作者の考証レベルが低いと思って間違いありません。かつての映画やテレビドラマには、よくありました。

駐退復座機の構造

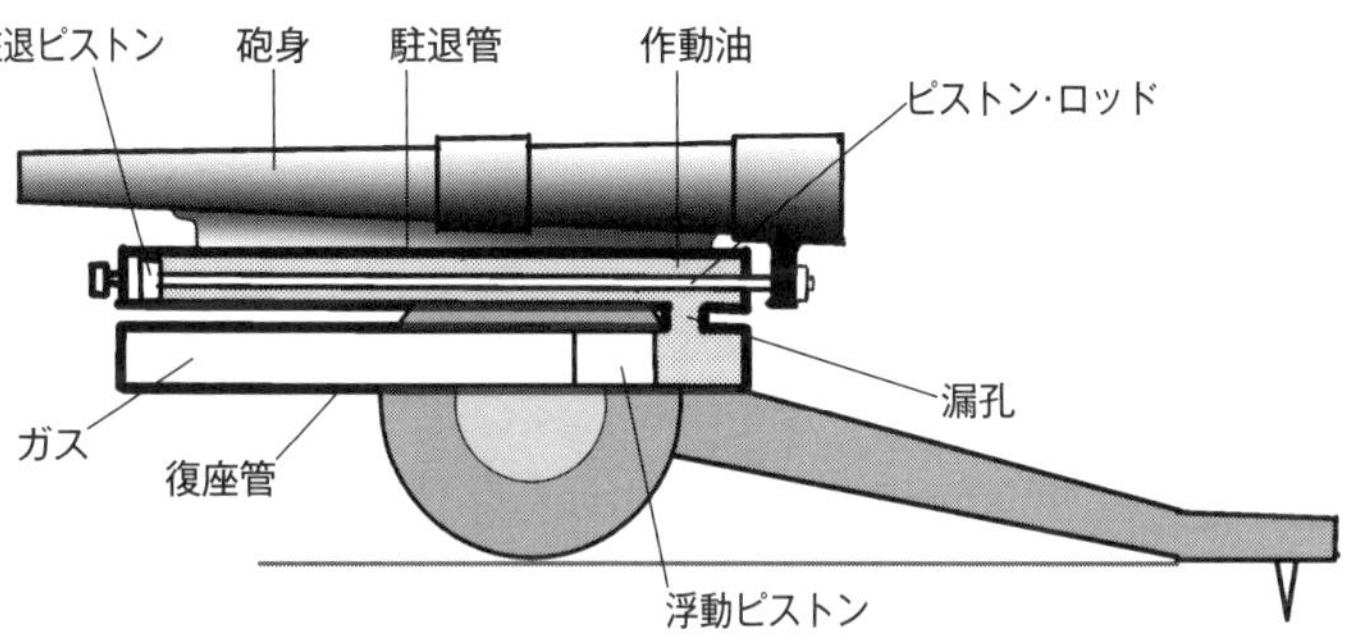

①2本のシリンダー（作動油の入った駐退管とガスが充填された復座管）は、漏孔でつながっており、復座管の中の浮動ピストンが作動油とガスを分離しており、駐退管は駐退ピストンにつながったピストン・ロッドが砲尾に固定されている。

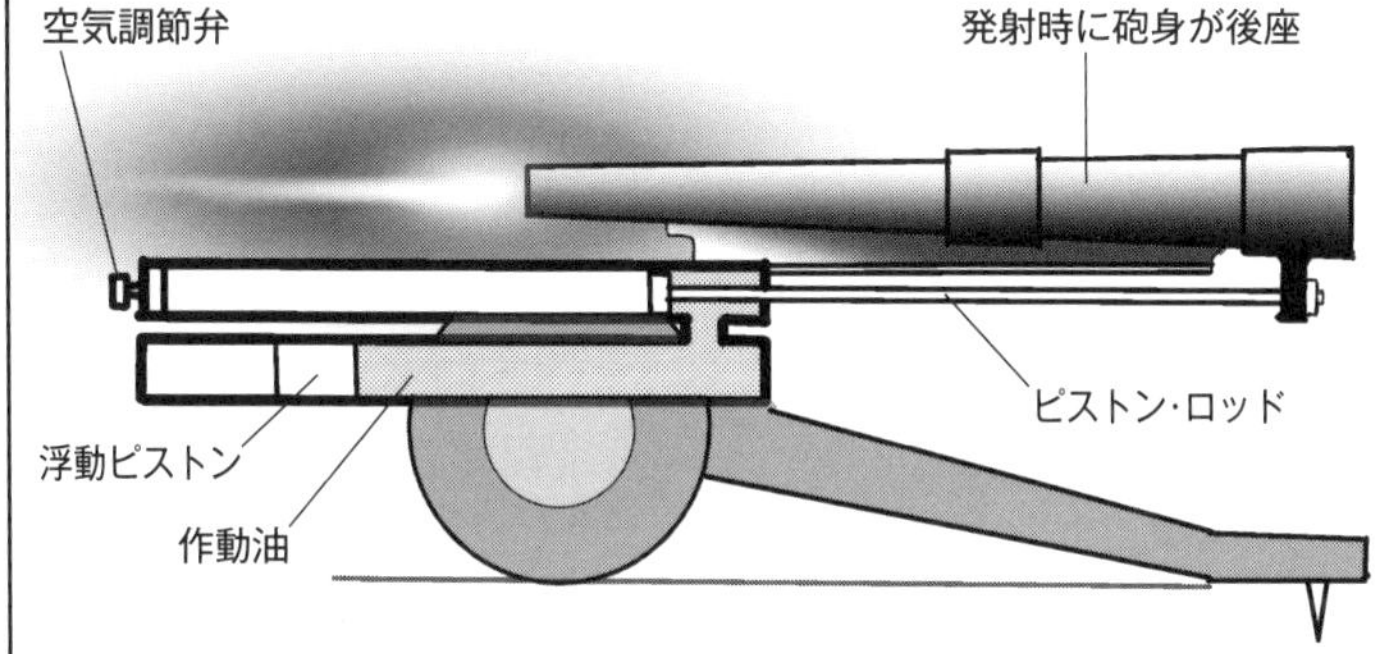

②砲弾を発射すると砲身が後座（後退）し、駐退ピストンを引っ張り、作動油が漏孔から復座管に送り込まれ、浮動ピストンが動いてガスが圧縮される。この作用が砲身の後座エネルギーを吸収した後、ガスの膨張力で再び浮動ピストンが押し戻され、砲身が発射位置に復帰する仕組みになっている。

発射時の砲身への反動（後座エネルギー）を吸収し、砲身を発射位置に戻す働きをするのが駐退復座機で、その機構には、ばね、液体（作動油）、気体（ガス）を用いる方式がある。図は「液気圧式駐退復座機」の作動原理である。

最近の映画やアニメーションは、比較的うまく表現されています。なかでも、数年前にテレビ放映や劇場公開されたアニメ『ガールズ&パンツァー』は、射撃シーンでの砲の後座と復座がとてもリアルです。これを制作したプロデューサーと話をする機会が何度かありましたが、戦車の登場する場面(砲の動き、走行時の履帯のたわみ、転輪の上下動など)については、リアルな再現を追求したとのことでした。

本書を読んだうえで、戦車や火砲が出てくる映画などを観ると、また楽しみ方が広がるにちがいありません。

大型の火砲に必要不可欠な「平衡機」

火器は、照準方法の違いで直接照準火器と間接照準火器に区分されます。

直接照準火器とは直接目標を狙う火器で、目標を狙う装置は、最も単純な照星と照門を目視で合致させる方式やドットサイト、照準眼鏡、最新の画像認識などがあり、拳銃、小銃、機関砲、戦車砲などが、これらの方式に該当します。

間接照準火器は、遠方の見えない目標に対し、火器に射距離と方向を設定して、間接的に目標を狙う火器です。迫撃砲、榴弾砲、中長距離ロケット弾が、これ該当します。

どちらも共通するのは、射距離を変えるのは火器を上下させる射角で、方向を変えるのは火器を左右に振る方位角です。直接照準の場合、あまり意識しませんが、目標が遠いと高射角になります。射程の長い戦車砲でも射程距離は2～3キロメートルほどなので、それほどの高射角にはなりません。

戦車の射程が2～3キロメートルなのは、直接照準で撃てる視界が、その程度しかないからです。とくに日本の場合、地形に起伏が多いので2キロメートルの射程で十分です。周囲に何もない平らな地形でも地球が丸いので、5キロメートル程度しか見えません。山や丘、ビルなどの高いところから眺めるイメージがあるので、10～20キロメートルにも達する視界がありそうですが、地上では、意外と近くしか見通せません。

間接照準で撃つ火砲などは、射程が長く直接目標を視認できません。射程距離は迫撃砲で5～10キロメートル程度、榴弾砲で20～40キロメートル程度です。ロケット弾になると数十～数百キロメートルとなります。地図データなどを基に、火砲に射角と方位角を与え、発射薬（128ページ参照）の量を調整することで目標に砲弾が届きます。

このように、火器で目標を狙うには、銃や砲の向きを上下左右させる必要があります。このとき、戦車砲や榴弾砲のように砲身に強度（厚さ）があり、長さがあると、かなりの重さになります。この重い砲を少ない力で上下させようとすると、砲身の重心（前後の重さが同じになる位置）に、支える軸を作らなければなりません。

ところが、戦車砲や榴弾砲は砲身が長いため、重心がかなり前寄り（砲口寄り）になります。この

現在の陸自野戦特科部隊の主力野砲、155ミリ榴弾砲FH70。イギリス、ドイツ、イタリアで共同開発された牽引式野砲で、1983年度からライセンス国産、479門が調達、部隊配備されている。

状態で高射角を与えると（砲口を上に向ける）、砲尾が地面（戦車砲の場合は砲塔内）にぶつかります。また、射撃時は反動で砲が後座するため、その分も計算に入れて、軸はかなり後ろ（砲尾寄り）に設けなければなりません。

すると、操作しやすいように火砲の重心に設けるべき軸が、高射角で射撃しなければならない都合で、重心より後方になってしまうわけです。このままの状態で砲身を上下するのは厄介です。また、軸部の機構のギヤの比率を変えて、軽く操作できるようにすると上下するのにかなりの時間がかかってしまいます。

ここで登場するのが「平衡機」です。バネや空気圧で砲の前方を引っ張り上げる（下から押し上げる）ことにより、前後の重心のバランスをとります。155ミリ榴弾砲FH70などの牽引式だと、よくわかります。横から見ると、砲尾付近に斜めに筒状のものがついています。これが平衡機で後方から砲身を引っ張り上げています。

FH70の場合はガス圧を使用しており、砲身が水平のときはいちばん重い状態なので圧力が高く、高射角になるにつれ軽くなるので圧力が低くなります。砲身が90度で立った状態では、圧力がゼロになります。平衡機が砲の射角に応じて圧力を変えることにより、軸の部分で前後のバランスがとれ、スムーズに砲を操作することができます。

このように火砲の構造や機構には、さまざまな物理的な原理を利用して、高い性能や操作性を実現しています。平衡機も地味な存在ですが、大型の火砲には不可欠な機構です。戦車では砲塔内にあるため外からは見えませんが、61式から10式まですべての戦車砲に付いています。陸自の現用唯一の牽引式野砲であるFH70については、よく見えるところに付いていますので、駐屯地の記念行事などで展示されていたら、本章で紹介した機構をぜひ確認してください。

コラム③ 火器の口径と制退器

火器の名称について、現在では一般的に銃口（砲口）が20ミリ以上を「砲」、未満を「銃」と呼びます。９ミリ拳銃、５・56ミリ小銃、５・56ミリ機関銃、12・７ミリ重機関銃と呼ぶように20ミリ未満の火器は「銃」の名称が付きます。また、このクラスを「小火器」とも呼びます。

これが20ミリ以上になると、20ミリ機関砲、25ミリ機関砲、35ミリ高射機関砲、81ミリ迫撃砲、１２０ミリ戦車砲、１５５ミリ榴弾砲のように「砲」の名称が付きます。これらを総称して「火砲」と呼びます。

現用の戦車（陸自では61式戦車以降）以外、ほとんどの火砲や小火器には砲身、銃身の先端に制退器あるいは消炎制退器が付いています。一方、軍用を含めほとんどの拳銃には制退器はありません。

制退器は構造が簡単で、そのわりに反動を抑える効果が高く、火砲や銃には必要不可欠のものともいえます。できれば拳銃にもほしいところですが、全長が長くなり、携帯性が犠牲になってしまいます。拳銃はもともと銃身が短く、発射ガスの力を十分利用する前に弾丸が銃口から出てしまいます。そのため、弾丸のスピードが遅く、射程が短く、精度も低く、威力も小さいので、銃身の長さを犠牲にして制退器を付けることもできません。競技用拳銃には、ふつうの拳銃のような携帯性が求められないため、制退器が付いているものもあります。

52口径の長い砲身が特徴の99式自走155ミリ榴弾砲。従来の75式自走155ミリ榴弾砲（30口径）よりも長射程となり、砲弾の装填は完全自動化されている。

重機関銃にも制退器がないものがあります（自衛隊が装備している12・7ミリ重機関銃にも制退器はありません）。重機関銃の場合、本体が十分に重く、固定して射撃するため本体で衝撃を吸収できるのと、弾丸が発射されるときに後退する「遊底《ゆうてい》」と呼ばれる部品（弾薬を給弾・排莢する装置）に重量があり反動を吸収できるからです。

制退器の設計にはさまざまな工夫が凝らされており、同じ１５５ミリ榴弾砲でも、ＦＨ70、75式自走榴弾砲、99式自走榴弾砲で形状が異なります。新しいものほど、最新の技術が採り入れられていますから、99式の制退器の性能が最も高いと考えて間違いありません。形状も複雑になっており、多段階で反動を吸収できるようになっています。

小銃の制退器の場合、消炎機能もあわせもつのが一般的です。したがって、消炎制退器と呼びます。

弾丸を発射するときのガスは高温のため、炎と同じように光を発します。これが相手から自己の位置を特定され、射撃の目標になります。とくに夜間の場合は目立ちます。この光を軽減させるのが消炎器です。銃によっては制退機能がなく消炎を目的にしたものもあります。

反動があると、弾を発射するたびに照準が狂いますから、発射速度（一定時間に撃てる弾の数）が低下します。小火器の連射では2発目以降が完全に照準から外れてしまいます。反動が強すぎると、火砲の場合は大きな衝撃が砲を支える部位に加わりますし、小銃の場合は射手の体に影響を与えます。火器の進歩は発射したときの反動との戦いでもあったわけです。

とくに小銃の場合は、人が携行して射撃するため、作動するさまざまな機構に繊細な調整が必要です。携行することだけを考えれば軽量化が求められますが、軽量にすると射撃時の反動が大きくなります。制退器を付けると反動は減少しますが、銃身の先端が重くなり、銃のバランスが悪くなるとともに全長が長くなり取り回しが悪くなります。

第4章 弾薬のメカニズム

弾薬の種類

拳銃や小銃、火砲などの「火器」については、テレビや映画でも登場するのでイメージしやすいと思いますが、火器から発射される「弾薬（銃砲弾）」は、射撃時と目標に当たったときの音や煙しか見ることができないため、なかなかイメージしにくいと思います。また、銃や火砲は、駐屯地の記念行事での装備品展示や富士総合火力演習などで直接見る機会もありますが、弾薬を直接見る機会はかなり限定されています。

第1章の戦車砲の解説で「戦車砲用弾薬」について触れましたが、弾薬には多くの種類があります。弾薬の分類について弾種全体で統一された基準による区分は、じつは決まっていません。もともとと学問ではないので、そのような定義をする必要がないからでしょう。
一般的には、それぞれの弾薬を発射する火器ごとに区分するか、弾薬の特性（機能）ごとに区分します。この二つの区分の組み合わせで、特定の弾種が表せます。たとえば、１２０ミリ戦車砲用対戦車榴弾、１５５ミリ榴弾砲用発煙弾のように表します。二つの組み合わせでも複数の弾種がある場合は、Ｊ１（ライセンス国産の弾薬を改良などで日本製にした時にＪをつける）、Ｌ15（１５５ミリ榴弾砲用のライセンス国産弾薬で、Ｌ15はＮＡＴＯの記号）などの記号を用いて、特定の弾種を示します。

火器ごとの区分では小火器（銃）用弾薬（口径20ミリ未満）、機関砲用弾薬（口径25～40ミリ）、迫撃砲用弾薬、榴弾砲用弾薬、戦車砲用弾薬、無反動砲用弾薬、ロケット弾に区分されます。この区分では口径と火器の種類で表します。

現在、陸自が装備する弾薬は左図のとおりです。なお、それぞれの弾薬には、複数の弾種が用意されているものもあります（戦車砲用弾薬にＡＰＤＳＦＳやＨＥＡＴがあるのと同様です）。

特性（機能）ごとの区分では、普通弾、曳光弾、榴弾、徹甲弾、成形炸薬弾、粘着榴弾、照明弾、発煙弾、擲弾《てきだん》、演習弾などがあります。以下、簡単にそれぞれの特徴を説明します。

普通弾：簡単に言うと先端が尖った形の金属の塊で、比較的柔らかい金属が用いられています。拳銃弾、小銃弾であれば鉛の弾芯を銅やニッケルなどで被《おお》った（被甲という）ものが主流です。

陸上自衛隊の現用主要弾薬

弾薬名称	使用火器	弾種
9mm火器用弾薬	9mm拳銃(P220) 9mm機関拳銃	普通弾
5.56mm火器用弾薬	89式5.56mm小銃 5.56mm機関銃MINIMI	普通弾・曳光弾
7.62mm火器用弾薬	64式7.62mm小銃 62式7.62mm機関銃 74式車載7.62mm機関銃 対人狙撃銃(M24)	普通弾・曳光弾・狭窄弾
12.7mm火器用弾薬	12.7mm重機関銃(M2)	普通弾・曳光弾・徹甲弾・徹甲焼夷弾
20mm機関砲用弾薬	3砲身20mm機関砲(AH-1S搭載)	普通弾・曳光弾・焼夷榴弾
25mm機関砲用弾薬	25mm機関砲(87式偵察警戒車搭載)	曳光焼夷榴弾・装弾筒付曳光徹甲弾・演習弾
30mm機関砲用弾薬	30mm機関砲(AH-64D搭載)	曳光焼夷榴弾・多目的榴弾・演習弾
35mm機関砲用弾薬	35mm機関砲(89式装甲戦闘車・87式自走高射機関砲搭載)	焼夷榴弾・曳光弾・装弾筒付曳光徹甲弾・演習弾
60mm迫撃砲用弾薬	60mm迫撃砲(M6C)	榴弾・発煙弾・照明弾
81mm迫撃砲用弾薬	81mm迫撃砲(L16)	榴弾・黄燐発煙弾・照明弾
120mm迫撃砲用弾薬	120mm迫撃砲RT	榴弾・黄燐発煙弾・照明弾・噴進弾・対軽装甲弾

84mm無反動砲用弾薬	84mm無反動砲 (カールグスタフ)	榴弾・対戦車榴弾・発煙弾・照明弾・演習弾
155mm榴弾砲用弾薬 203mm榴弾砲用弾薬	155mm榴弾砲FH-70 99式自走155mm榴弾砲 203mm自走榴弾砲	榴弾・発煙弾(黄燐・HC・着色)・照明弾・長射程弾 榴弾・噴進弾
105mm戦車砲用弾薬 120mm戦車砲用弾薬	105mm戦車砲 (74式戦車・16式機動戦闘車搭載) 120mm戦車砲 (90式戦車・10式戦車搭載)	曳光粘着榴弾・多目的対戦車榴弾・装弾筒付高速徹甲弾・装弾筒付翼安定徹甲弾・演習弾 対戦車榴弾・装弾筒付翼安定徹甲弾・演習弾
70mmロケット弾 110mm個人携帯対戦車榴弾 298mmロケット弾	AH-1S・AH-64D搭載 多連装ロケットシステム (自走発射機M270)	榴弾・演習弾 対戦車榴弾・演習弾 榴弾
手榴弾 小銃擲弾 40mm擲弾	 64式7.62mm小銃 96式40mm自動擲弾銃	破片手榴弾・焼夷手榴弾・演習手榴弾・訓練手榴弾・発煙黄燐手榴弾・発煙手榴弾 対戦車小銃擲弾・黄燐発煙小銃擲弾・発煙小銃擲弾・着色発煙小銃擲弾 対人対装甲擲弾・演習擲弾

曳光弾：弾丸の弾底（後ろ）に充填された曳光剤が燃えて、光を発しながら飛翔する弾薬で、射手が着弾位置を確認できます。

榴弾：弾丸の表面の弾殻は一般的には鋼鉄で、その中の炸薬が着弾時または空中で爆発し、弾殻の破片が広範囲に飛び散ります。

徹甲弾：普通弾の弾芯に鋼鉄などの硬い金属を用い、高い貫徹力を有する弾薬です。APDSやAPDSFS（58ページ参照）も徹甲弾の一種です。

成形炸薬弾：HEATです。（49ページ参照）

粘着榴弾：HEPです。（49ページ参照）

照明弾：空中に向け発射し、所定の高度で落下傘が放出され、これに吊り下げられた発光体が燃えることにより光を発し、夜間、周辺を照明します。

発煙弾：着弾時または空中で爆発して煙を出します。煙幕を展張して敵の視界を遮断する目的などに使用します。

擲弾：特性（機能）は榴弾と同じですが、小銃や擲弾銃（グレネード・ランチャー）などの軽易な火器から発射できます。

演習弾：演習場や射場の制約上、実弾が撃てない場合に使用します。わかりやすいのは戦車砲用の演習弾で、ある一定の距離以上は飛ばない構造になっています。戦車の走行間射撃の訓練をする際、地面の凹凸で射撃方向が目標から外れても演習場外へ着弾することはありません。

弾丸の進化と威力の向上

弾薬の主体は当然「弾丸」です。弾丸が火器から発射されて、兵器としての威力を発揮します。弾丸は大別すると、金属のみでできているもの、金属と炸薬（爆薬）からなるもの、そのほかの弾丸の3種類があります。

最初に鉄砲（銃）が誕生した頃の弾丸は、金属のみで作られていて、形も球状です。火縄銃の弾です。初期の火器は、ライフリングがなく、弾丸をコマのように旋回（軸回転）を与え、安定して飛翔させることができなかったため、球状が射距離、命中精度も高かったためです。また、技術的にも未発達で球状は製造しやすいということもあったのでしょう。しかし、球状では空気抵抗が大きいため、その性能には限界があります。

射距離を伸ばし、命中精度を上げるためには、現在の弾丸のような流線型が最適です。しかし、流線型の弾丸を旋回させることなく発射すると、縦や横に回転し、射距離は短く、どこに飛んでいくのかわからないほど命中精度が落ちます。現在の弾丸は、ほとんどがライフリングによる旋回で飛翔を安定させています。これも、弾を銃（砲）身の後ろから込めることができるからです。銃（砲）身の閉鎖機構も不可欠だったわけです。

90式戦車への砲弾積載作業。砲塔上面には弾庫の蓋があり、1発ずつ手渡しで積み込む。写真は120ミリ戦車砲用対戦車榴弾（HEAT弾）。

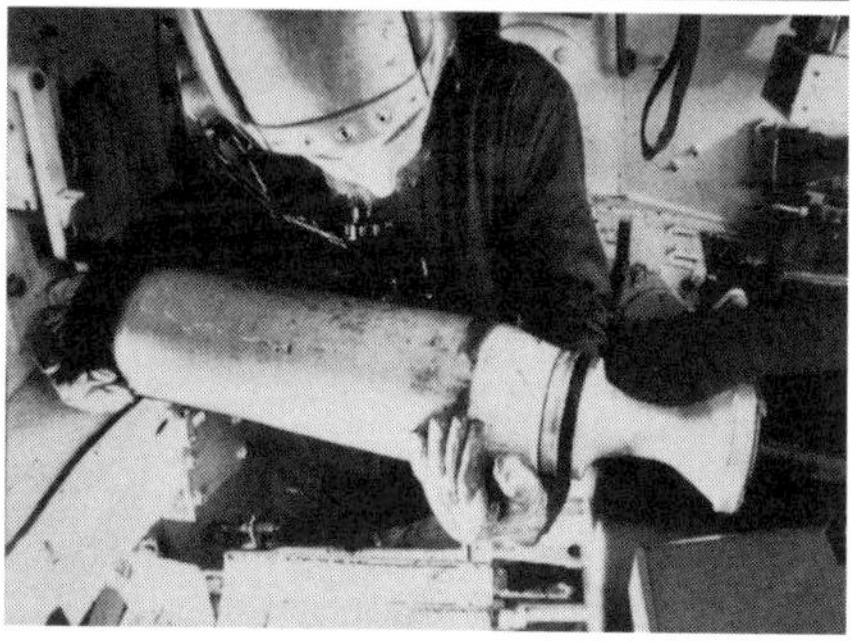

1970〜80年代に登場したフランスの第二世代の主力戦車、AXM-30B2は74式戦車と同クラスの105ミリ戦車砲を搭載している。写真はこの主砲に装填される105ミリAPDSFS弾。10kgを超す砲弾を狭い砲塔内で装填手の人力で扱えるのは、この大きさと重量が限度であろう。

金属のみの弾丸は柔らかい金属を用いた「徹甲弾」と、硬い金属を用いた「普通弾」に区分されます。普通弾は対人・対（非装甲）車両用、徹甲弾は対装甲用です。徹甲弾に用いる硬い金属は材料の原価が高く、また加工もしにくいため、高価になります。そこで調達や保有にあたっては、費用対効果に照らして普通弾と徹甲弾の比率を決めます。現代では戦闘員の防弾チョッキの着用が普及し、その性能も向上していることから、小銃でも徹甲弾の使用が多くなっていくと思われます。

普通弾の材料は、火縄銃の頃から鉛が多用されてきました。鉛は低温で溶けるため加工しやすく、重い金属なので射距離、威力も大きいからです。現在でも拳銃や小銃用の弾丸

（弾芯）は鉛が主流です。鉛だけでは変形しやすいため、外側は銅などで被われています。近年では鉛害防止のため、軟鉄などの金属が用いられるようになってきました。自衛隊用に現在製造されている弾丸も鉛は用いていません。

「徹甲弾」は、弾芯の材料として鋼鉄を用いたものからタングステンや劣化ウランを用いたものまでさまざまです。5・56～12・7ミリの口径では、弾丸を複雑な構造にするのが困難で、技術的に可能であっても高価なわりに威力が大きくないため、弾芯の材料は鋼鉄がほとんどです。

20ミリ以上の口径になると装弾筒付徹甲弾（APDS）が登場してきます。弾丸が大きくなると、さまざまな細工が可能となります。ただし、口径40ミリまでは、ほとんどが旋回安定で、翼安定（APDSFS）はありません。APDSFSは戦車砲用と考えて、ほぼ間違いありません。

金属のみの弾丸を使うのは、直接照準火器用弾薬です。この種の弾丸に「光る」機能を付加したのが曳光弾です。弾丸の後部（弾底）に曳光剤を付け、発射薬の熱で点火して、曳光剤を燃やしながら光を発して飛翔します。小銃の弾丸は小さく、速度も900メートル／秒前後ですから、これを目で捉えるのは困難です。光を発することにより、着弾地点が視認できます。高射機関砲の弾幕射撃で曳光弾が、航空機のパイロットに対しストレスを与えるという心理的効果もあります。第2次世界大戦中、実戦を経験した日本海軍機の搭乗員の手記などにも「敵艦からの対空射撃の弾が光の束となって、すべて自機に向かって飛んでくるように見えた」との述懐が残されています。

戦車の同軸機銃（車載7.62ミリ機関銃）による夜間の射撃。写真の上方向に錯綜しているのは、目標付近の地面に当たり弾き飛ばされた跳弾の光跡。

余談ながら、実弾を使った射撃訓練を重ね、慣れてくると小銃の普通弾も目で捉えられるようになります。弾丸の速度は音速を超えますから衝撃波が出ます。衝撃波は周りの空気と密度が異なるため、飛翔する弾丸の周囲に白い渦のような現象が生じます。射手がこれを見えるようになるまでには、相応の訓練が必要ですが、射手の真後ろから意識して見ていると、わりと簡単に見えるようになります（ただし、ある程度センスが必要かもしれません）。

迫撃砲や榴弾砲の弾丸は、弾の大きさに比して初速が遅いため、飛翔する弾丸そのものが明瞭に見えます。慣れも訓練も必要なく誰でも見えます。ただし、砲の近くからでなければ見られないので自衛官以外には、その機会はほとんどないでしょう。

射撃中の120ミリ迫撃砲RT。砲口を離れた直後の砲弾が見える。初速の遅い迫撃砲弾は横方向からでも肉眼や写真で捉えることができる。

炸薬で弾丸を破裂させる「榴弾」

弾丸に炸薬（爆薬）を入れて威力を高めたのが榴弾です。対人用、対車両用が榴弾（HE）で、対戦車、対装甲車用が対戦車榴弾（HEAT）と粘着榴弾（HEP）です。榴弾は弾丸が破裂して弾殻《たまがら》の「破片効果」で目標を破壊、殺傷します。榴弾は迫撃砲用や榴弾砲用がほとんどです。一部、戦車砲や無反動砲（187ページ参照）から発射するものや、ロケット弾、擲弾があります。

陸自が保有する現用の榴弾は、口径の小さいものから81ミリ（迫撃砲）榴弾、120ミリ（迫撃砲）榴弾、155ミリ榴弾、203ミリ榴弾となります。弾丸が大きいほど威力も大きくなりますが、弾丸重量も増えるため、運搬や取り扱いがたいへんになります。155ミリ榴

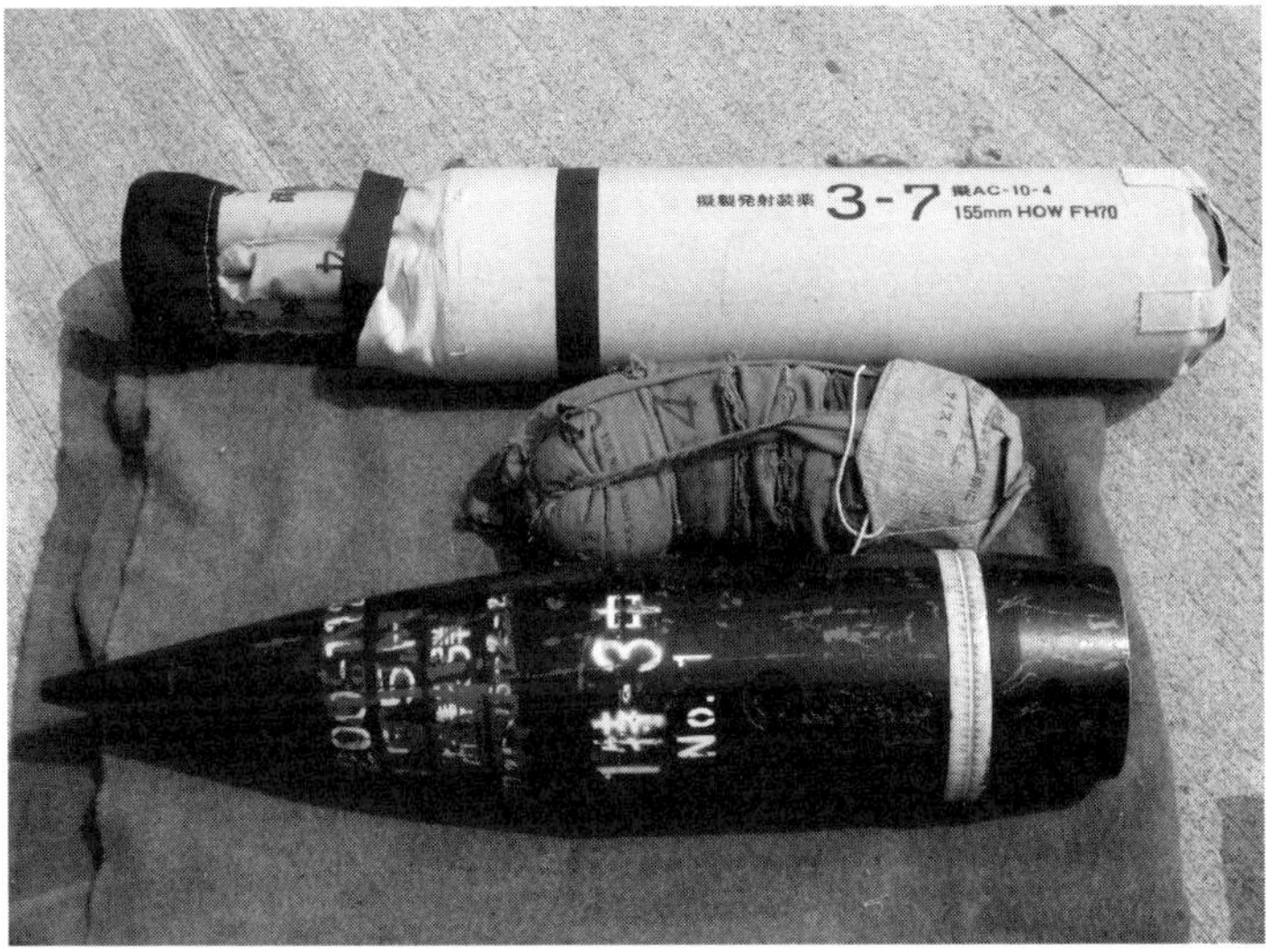

155ミリ榴弾砲（FH70）用砲弾（擬製弾）と装薬。砲弾の底に近い部分の外周に見えるリングが「弾帯（だんおび）」（62ページ参照）。写真上は装薬。

弾で約45キログラム、２０３ミリ榴弾になると約90キログラムにもなります。

通常、迫撃砲や榴弾砲では射撃時に砲の周囲（砲側といいます）での弾薬の運搬や装填は人力です。１５５ミリ榴弾砲ＦＨ70や２０３ミリ自走榴弾砲は装填など一部の操作は油圧装置を使用しますが、人力に頼らざるを得ない操作があります（45キログラムの砲弾は、なんとか１人で持つことができ、２人ならば軽快な操作が可能です。これが90キログラムになると１人では困難で、複数の人員が必要です）。

２０３ミリ榴弾は１５５ミリ榴弾の2倍の重さがありますが、威力は2倍にはなりません。２０３ミリ榴弾を1発撃つよりは、１５５ミリ榴弾を2発撃ったほうが効果的です。現在、世界的にも榴弾砲の主力が１５５ミリになってい

203ミリ榴弾砲用砲弾（擬製弾）。155ミリ以上の砲弾は重いため、砲側では写真の送弾具と呼ばれる架台に載せて４人で運搬する。

るのは、弾丸の威力と取り扱いのバランスが最もよいからです。

榴弾の形は流線形をしていますが、先端の尖っている部分は「信管」で弾丸本体ではありません。信管については後述します（134ページ参照）。外側の金属は、「弾体」または「弾殻」と呼ばれ、通常、鍛造製の鋼鉄（徹甲弾ほどの硬さは求められない）が使われており、かなりの厚さがあります。これが中に充塡された炸薬の爆発力で破片になって飛び散ります。

炸薬は、ＴＮＴかＣｏｍｐＢと呼ばれるＴＮＴとＲＤＸ（ＴＮＴよりも高性能な炸薬）を混合したものが用いられます。ＴＮＴは融点（溶けて液体となる温度）が摂氏80度ですから、お湯で溶かすことができ、水を使うことで製造時の安全性が高まります。この溶けたＴＮＴを弾殻に流し込む

155ミリ榴弾砲（FH70）の射撃陣地で、戦砲隊（砲を操作し射撃を実行するグループ）の隊員が砲弾への信管の取り付けと調整を行なっている。これらの作業は対象の目標と射撃の方法によって射撃の直前に行なわれる。

ことで比較的に容易に製造できます（この製造方法を溶塡《ようてん》といいます）。このため、榴弾に使われる炸薬はＴＮＴが主流となっています。

「容易に製造」と表現しましたが、ＴＮＴの溶塡には経験と技術の蓄積が必要です。流し込んだＴＮＴの中に気泡があると、弾丸を発射するときの圧力で気泡が潰れ高熱を発し爆発します。弾丸が砲身内で爆発してしまうため、きわめて危険です。ＴＮＴは水に比べると粘度が高いため、気泡が消滅しにくいので、いかにして気泡をなくすかにさまざまなノウハウが必要となります。

弾殻についても、炸裂したときの破片が大きすぎても、小さすぎても効果が低下するため、最も効果が高い破片になるよう、設計、

陸自の現用火砲では最も口径が大きい203ミリ自走榴弾砲。アメリカで開発された203ミリ自走榴弾砲M110A2をライセンス生産、1984年度から装備されている。

製造するのに技術と経験が必要です。大きすぎると破片の数が少なくなり、効果範囲が小さくなります。逆に小さすぎると破片一つひとつの威力が小さくなります。

榴弾は比較的、単純で簡単な構造ですが、このようなさまざまな技術と経験の積み重ねにより、現在の破壊力のある砲弾ができ上がっています。

ところで、一般的に「弾薬」というと、強烈な爆発と破壊力をイメージして、〝弾薬イコール危険〟ときわめて単純化された認識をもつ人がほとんどでしょう。確かに危険なものであることに間違いはありませんが、発射する前の保管や運搬の状態では、一般の爆薬と比べると、かなり安全性の高いものになっています。

たとえば、榴弾は厚い金属でできた弾殻によってTNTが保護された状態になっています。これを爆発させるためには、かなりの量のTNTなどの爆薬を弾丸に密着させて、爆薬を起爆させなければなりません。火の中に放り込んだくらいでは爆発しません。爆発させるためには、鋼鉄の弾殻が溶けるほどの高熱を加える必要があります。

現在、法律では火薬に関する保管や運搬の厳しい制限は、火薬量だけで規定されているため、安全性の高い弾薬についても一般の火薬と同様の厳しい制限を受けています。弾薬の安全性を把握した法律改正が行なわれるだけで、兵站軽視といわれる自衛隊の弾薬補給に関する問題（弾薬の保管場所や保管量の制限、登録された船舶のみという海上輸送上の制限等）の多くが解決されます。それには、できるだけ多くの方々に弾薬に関する正しい知識を持ってもらい、弾薬は危険なものというステレオタイプの意識の解消が必要です。

照明弾・発煙弾・クラスター弾

昔から子供が遊ぶ玩具花火のひとつに打ち上げ式の落下傘花火があります。点火すると筒が上空に打ち上げられ、いちばん高く上がりきると筒から落下傘が飛び出し、ゆらゆらと落ちてくるものです。照明弾はこれとよく似ています。

照明弾は、落下傘に吊るされた部分が照明筒になっており、夜間の目標地域の照明や信号用などに使用します。発射された照明弾は、目標地域の上空で弾底から火薬の力で落下傘を射出し、開傘《かいさん》すると照明剤を燃やしながらゆっくりと落下してきます。弾種により異なりますが、照明剤の燃焼時間は1分から30秒程度です。明るさは弾種と落下時の高さで変わりますが、120ミリ迫撃砲用の照明弾は高度約500メートルで点火され、約160万カンデラで発光します。これは東京ドーム内の照明とほぼ同じになります。

花火と違って、弾丸の発射時には高い圧力がかかるため、落下傘を安全に格納する仕組みが必要です。また、落下傘の射出時も弾丸は音速以上のスピードで飛んでいるため、射出後にきれいに開傘させるのにも高い技術が要求されます。そういえば、玩具花火でもかなり高い確率で落下傘の開かない

上空から落下する照明弾による戦場照明下で、車載の同軸機銃を射撃中の戦車。戦場照明は射撃目標の表示などに用いるほか、昼間と同様の戦闘行動を可能にする。

ものがありました。照明弾を開発するときも、落下傘が確実に作動するかどうかがいちばん問題となるところです。

発煙弾は文字どおり、爆発する代わりに煙を出す砲弾です。敵前に煙幕を展張して敵の視界を遮るために使います。構造は榴弾の炸薬の代わりに発煙剤が使われています。ただし、発煙剤は爆発しませんから、弾殻を割って、発煙剤を飛び散らせるため、弾芯に炸薬が挿入されています。

発煙剤にもさまざまな種類がありますが、有名なのは黄燐《おうりん》(正確には白燐といい、WPと呼ぶ)です。黄燐は空気中で自然発火して燃えながら煙を出すため、点火の必要はありません。水中では発火しないため、WP弾を射撃したあと、たまたま水たまりに入って燃え残った発煙剤が後日、水が蒸発したあとに発火してボヤが発生することもあり、射撃訓練には気を使う弾種です。

クラスター弾は、弾体の中に複数の子弾が入っており、目標の上空で弾から子弾を放出し、それぞれの子弾が爆発するため、広範囲に制圧効果を及ぼします。一般的には、クラスター弾はロケット弾や航空機から投下する爆弾に使われます。ロケット弾や爆弾は大型化が可能なため、多くの子弾を内蔵することが可能になるからです。陸自も装備している多連装ロケットシステム（ＭＬＲＳ）で発射するＭ26ロケット弾は６４４個の子弾を内蔵していました（Ｍ26ロケット弾は日本も保有していましたが、現在はすべて廃棄されています）。

また、一般的に子弾は成形炸薬を使用しているため、対装甲用としても有効です。円錐状の凹みの部分が下を向いて落下するように、弾底部にリボンなどを付けています。たくさんの子弾が落下しますから、誘導しなくても高い確率で戦車や装甲車の上面に当たり、爆発し装甲を貫通します。

戦車や装甲車は、全面が同じ防弾能力を有しているわけではありません。正面や側面の撃たれやすい部分の装甲を強くしています。すべてを同じにすると、重量が増加して軽快な機動性が失われてしまうからです。ほとんどの戦車、装甲車の装甲が薄い部分は弾が直撃しにくい上面です。したがって、クラスター弾の小さな子弾でも容易に装甲を貫通します。多くの種類の弾薬の中でも威力としては、クラスター弾が圧倒的に強力です。

クラスター弾の保有や使用禁止の機運が高まったのは、不発弾の発生率が高く、作戦、戦闘後に一般人がこれに触れて死傷する事故が多発したからです。日本も以前はクラスター弾を保有していましたが、2010年にクラスター爆弾禁止条約（オスロ条約）に署名、批准したため、すべてを廃棄しました。

日本周辺国のロシア、中国、北朝鮮、韓国、台湾は、この条約を批准しておらず、いまも保有していると思われます。また、この条約を批准せず、多くのクラスター弾を保有しているアメリカでも、国内の訓練での使用は禁止されています。この事実がクラスター弾の不発弾の多さし、その処理の困難さを物語っています。

火砲で発射できるクラスター弾は、世界でも多くありませんが、日本は国内開発の155ミリ榴弾砲用多目的弾を保有していました（これもすべて廃棄されています）。国産のクラスター弾は不発弾発生率がひじょうに低かったことを紹介しておきます。これも、日本の高い技術力を示すものです。

ひと口にクラスター弾禁止といっても、その対象外のものもあります。子弾が4キログラム以下であるとか、内蔵する数が10個未満などです。クラスター爆弾禁止条約は、後出しジャンケンと同じで、日本が多目的弾を実用化したあとに制定されました。初めから禁止対象外の条件がわかっていたなら、それらをすべてクリアできたと思われます。

また、条約制定の過程で、不発弾発生率がひじょうに低い日本の多目的弾が禁止対象外になるような交渉も必要でした。残念ながら日本の外交力の低さは、国際関係のさまざまな場面で露呈しますが、こと防衛・軍事に関しては、嘆かわしい状態にあると言わざるをえません。

なぜ榴弾砲用の弾薬に薬莢はないのか？

初期の銃、火縄銃は先込め式で、まず銃口から粉状の発射薬を入れ、次に弾丸を入れ、カルカ（槊杖《さくじょう》）と呼ばれる木の棒で押し込みます。発射薬が入る薬室に小さな穴があり、外の火皿《ひざら》とつながっていて火皿に入れた火薬（口薬）に火縄で点火することで、発射薬が燃え、弾丸が発射されます。単発なので次弾を撃つときは、この動作を繰り返します。

昔の合戦では鉄砲を使う場合、弾込めに時間がかかり、次弾を撃つまでに両軍が接近してしまうため、鉄砲が使えるのは戦闘の最初だけでした。この欠点を克服するための手段として、織田信長が考案したと伝えられているのが、3人の射手を1チームにして、射撃→弾込め→待機→射撃を繰り返す方法です。これで発射速度が格段に向上しました。ただし、そのつど、照準する時間が必要で、発射速度を上げるのにも限度があります。3人を1チームにすると、鉄砲が30挺あっても戦闘での威力は10挺分にしかなりません。

さらに発射薬の点火に使われる火縄や火皿は外に露出しているため、雨に弱いのも大きな欠点です。戦闘中に天候が急変すると鉄砲が使えず、戦法を変えなければならないのは、指揮官としてはひじょうに悩ましいところです。

この初期の鉄砲の欠点は、時代の推移のなかで逐次改善されてきましたが、銃の機構を革命的に変えたのが薬莢の出現です。弾丸と発射薬が一体となることで、弾込めが格段に速くなりました。弾込め時に、照準を外すことがないため次弾までの発射間隔が短くなりました。雨に濡れて撃てなくなることもないので、戦闘は天候の影響を受けません。

現在では、榴弾砲、迫撃砲を除く、ほとんどの銃砲用の弾薬は薬莢が付いています。薬莢があるおかげで連射も可能になりました。機関銃や機関砲です。現用の多くの戦闘機や艦船に搭載されている、複数の砲身を束ねたバルカン砲では1分間に数千発が発射できます。航空機搭載用のM61バルカンは6000発／分が撃てます。つまり1秒間に100発です。これも薬莢の発明が可能とした発射速度です。

第3章の「火砲の閉鎖機」（89ページ参照）の解説で前述しましたが、弾丸発射時に薬莢が膨張し薬室に密着するため、発射ガスが後方に漏れるのを防ぐ働きをします。弾丸を発射したあとの薬莢は薬室にピッタリと密着した状態になっているため、機械的に薬室から引き抜く（抽筒《ちゅうとう》と呼ぶ）必要があります。このため、薬莢の底部は円盤状の出っ張りがあるか、溝が切ってあり、火器側の抽筒子（板）と呼ばれる機構が、この出っ張り（溝）を噛んで薬莢を引き抜きます。

最近の戦車砲用弾薬では、弾薬本体の軽量化を図るためと、砲塔内で撃ち殻薬莢が邪魔になるた

装弾筒付翼安定徹甲弾（120ミリ戦車砲弾）の構造

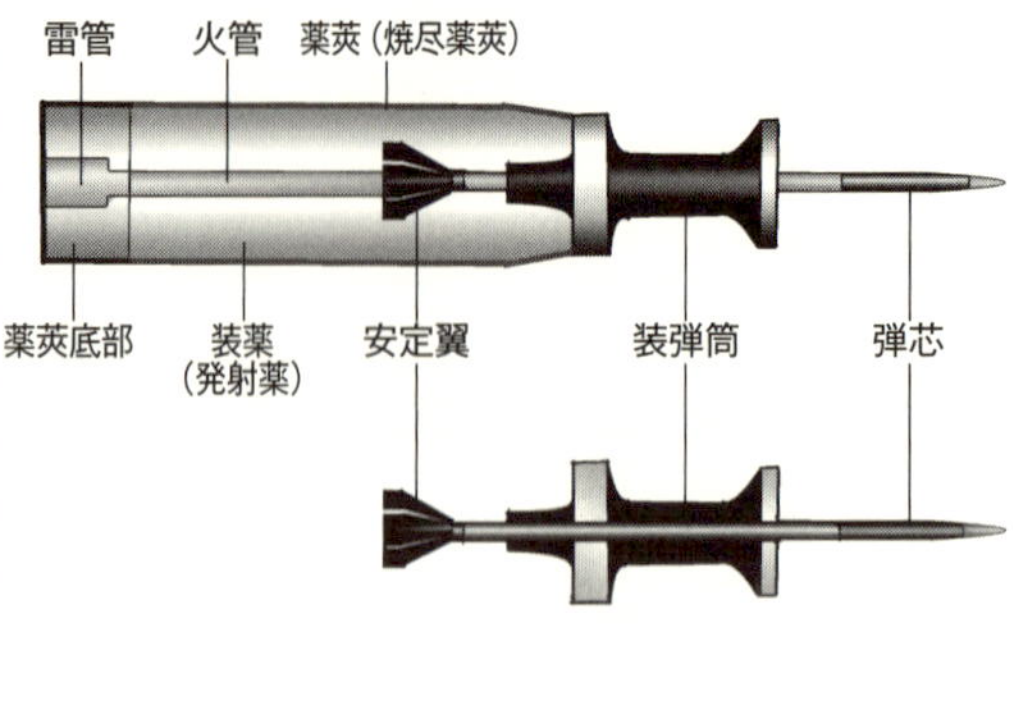

120ミリ砲用APFSDSには、焼尽薬莢（ニトロセルロースや合成樹脂などからなる燃焼性の材質でできている。装薬の燃焼とともに焼失する）が採用されており、発射後は黄銅製の薬莢底部だけが残る。

め、薬莢そのものが燃焼する焼尽《しょうじん》薬莢になっています。陸自でも90式と10式の戦車砲は焼尽薬莢です。薬莢の先から7~8分目くらいの部分が燃える材質で作られていて、弾を発射したあとに抽筒されるのは残り2~3分目の金属（薬莢底部）の部分だけです。焼尽薬莢を知らずに、抽筒される薬莢を見たらびっくりすることでしょう。

　薬莢全体を焼尽化できれば、薬莢の排出がなく、さらに軽量化も進みます。しかし、薬莢の強度の問題と戦車砲の閉鎖機能を強化しなければならない戦車砲自体の問題から、2~3割程度の金属部分で構成された焼尽薬莢が、現段階ではバランス的に優れています。

　さて、多くの弾薬には薬莢がありますが、榴弾砲用弾薬には薬莢がありません。なぜでしょうか？

実は105ミリ榴弾砲には薬莢があり、弾丸と薬莢が取り外しできます。ここに、すべてのヒントがありません。迫撃砲にも薬莢はありませんが、弾を先込めするため薬莢を付けることができません。

　105ミリ榴弾砲のように、弾丸と薬莢が分離できる利点は、それぞれが小型になるため保管や運搬に便利なことと、薬量が変えられることです。この利点が、そのまま榴弾砲に薬莢がない理由となります。榴弾砲は、弾丸と発射薬が別々に管理され、弾丸を込めたあとに発射薬を込め、火《か》管《かん》と呼ばれる小銃の空砲のような形状のものを閉鎖機の後ろから挿入して点火します。榴弾砲の発射薬は特別に「装薬」と呼ばれます。（115ページ写真参照）

　目標を直接狙って射撃する小銃、機関銃、機関砲、戦車砲、無反動砲など、直接照準火器の弾薬には、ほとんど薬莢があります。火器として高い発射速度が求められることと、弾丸が軽く射程が短いので薬量が少なく、弾薬全体が大きくならないためです。また、射程を変えるのは火砲の射角だけの調整でできるため、発射薬の量を変える必要はありません。

　これに対して、榴弾砲の場合は弾丸が重く長射程なので、発射薬の量が多く、薬莢を付けると弾薬が大型化してしまいます。155ミリクラスだと、取り扱いがきわめて厄介になります。そして、なによりも発射薬量の調整ができません。最大射程を撃つことを基準に薬量を一定にして、射角だけで射程を調整すると短い射程を撃つのにいろいろと支障が生じます。

　射角で射程を短くするには、射角を低くするか高くするかです。射角が低すぎると山や丘が邪魔になります。射角が高すぎると弾着までに長時間かかるのと、弾の滞空時間が長いため命中精度が悪く

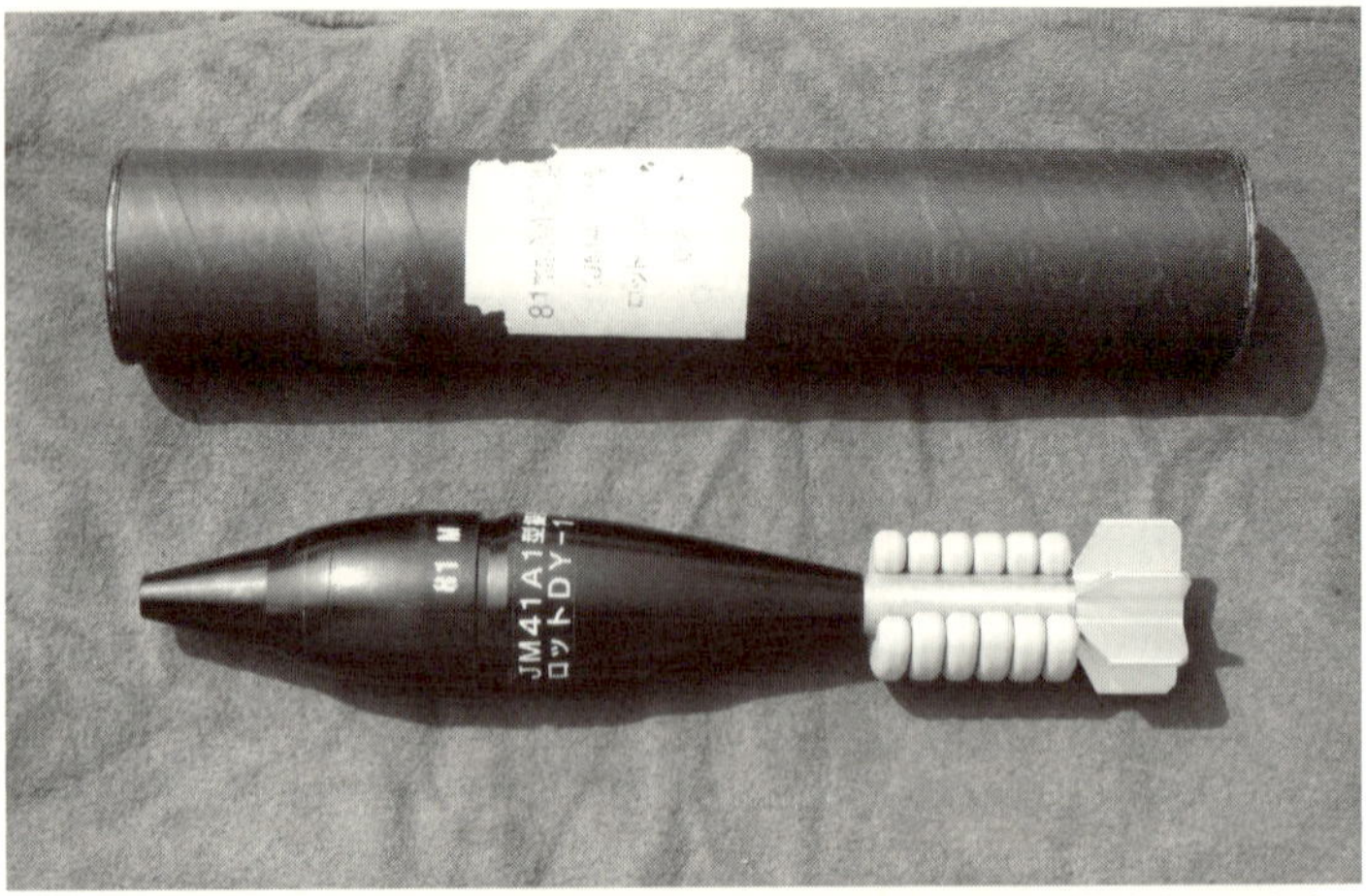

81ミリ迫撃砲（L16）用砲弾（擬製弾）。先端の信管は保管、輸送時には安全のため分離されており、射撃時に取り付けられる。下部の細くなった部分にリング状の発射薬筒がはめ込まれている。後部には飛翔中の弾道の安定、落下着弾時の角度、姿勢が垂直に近くなるようにするための安定翼が付いている。写真上は砲弾の保管・貯蔵用の容器。

なります。

射撃の精度を高めるためには、射程に応じた最適な薬量と射角を決める必要があります。火砲や弾薬の特性が影響するため、榴弾砲や弾薬を開発したときは、何度も試験射撃をして射距離に応じた最適な薬量と射角を決定します。

黒色火薬からトリプルベースへ

弾丸に充填されている火薬は、TNTやRDXなどの威力の高い炸薬でしたが、発射薬は炸薬に比べると威力の低い火薬が用いられています。ミサイルやロケットに用いられるのは推進薬ですが、推進薬は発射薬に比べ、さらに威力が低くなります。

発射薬の場合、銃（砲）身の中に弾丸がある間に燃え尽きてしまわないと、火薬の力が無駄になります（火薬が燃える時間を燃焼速度といいます）。逆に、燃焼速度が速すぎると銃（砲）身が壊れてしまいます。発射薬は弾丸が銃（砲）身の中で最も効率よく火薬の力を受けられるような、燃焼速度と圧力を発生することが重要です。

また、発射薬は燃焼温度が重要になります。発射薬が燃焼したときの高温が引き起こす「エロージョン」という現象で、銃（砲）身内が焼けただれた状態になります。銃（砲）身の寿命は、弾丸を発射したときの摩擦や摩耗によるものと誤解されることが多いのですが、ほとんどは熱エロージョンによるものです。また、銃（砲）身が加熱しすぎて、弾薬が完全に装填される前に過早《かそう》に点火し、薬莢が吹き割れてしまうこともあります。したがって、燃焼温度が低いほど発射薬の性能は高いということになります。

ロケットやミサイルの場合は、目標に到着するまで距離、時間的な余裕があるため、燃焼速度も圧力も発射薬ほど高くする必要がありません。逆に砲弾に比べて構造が複雑で本体の強度も低いため、発射薬のように燃焼速度が速く、圧力が高いと壊れてしまいます。少しずつスピード上がっていく燃え方が適しています。

以上のような特性を得るために、発射薬には数種類の火薬が用いられ、より性能の高いものへと進化してきました。最も初期の発射薬は、今でも花火に用いられている黒色火薬です。軍用としては現在でも爆薬の導火線などに使われています。

多連装ロケットシステム（MLRS：Multiple Launch Rocket System）は、もともとアメリカが開発に着手、のちに旧西ドイツやイギリス、フランス、イタリアも開発に参加している。陸自には1992年度から導入。遠距離、広域の目標を瞬時に制圧する目的の火器で、自走発射機M270に12連装のロケット弾発射機を搭載している。

導火線は、爆薬が火薬系列によって点火するまでの避難に要する時間稼ぎのためのもので、ゆっくりと燃焼する必要があります。この時の火薬系列は、導火線→雷管→（導爆線）→爆薬となります。導爆線とは、比較的感度の高い爆薬を用いてロープの形状にしたもので（導火線と同様の形状）爆薬の点火を確実にするため、またはいくつかの爆薬を同時に爆発させるために使います。

黒色火薬の原料は、硝酸カリウム（天然には硝石として産出される）、硫黄、木炭で「黒色」の名前の由来は木炭の色です。歴史的に使用されている期間は最も長く、6～7世紀に中国で発明され、14世紀に鉄砲の発射薬として使用されるようになりました。日本で馴染みのものといえば、火縄銃の火薬です。燃焼時に白い煙が出るため、発射位置が特定されてしまうのが欠点です。

その後、軍用としては、無煙火薬と呼ばれる煙の出ない（正確には少ない）発射薬が用いられるようになってから、黒色火薬はほとんど用いられなくなりました。現在、発射薬として主に用いられているものは、シングルベース、ダブルベース、トリプルベースの三つで、名称のとおり主成分が1種類、2種類、3種類のものから成ります。

以下、主成分と用途を簡単に紹介しておきます。すべてが無煙火薬ですが、火器や弾薬の特性、価格などにより適した発射薬が決まります。シングル→ダブル→トリプルの順で発射薬としての性能は高くなり、同時に価格も高くなります。

シングルベース：主成分はニトロセルロース。小火器弾、小中口径火砲弾、空砲弾などに用いられる。

ダブルベース：主成分はニトロセルロースとニトログリセリン。迫撃砲弾、拳銃弾、機関砲弾などに用いられる。

トリプルベース：主成分はニトロセルロース、ニトログリセリンとニトログアニジン。戦車砲弾、榴弾砲弾などに使われる。

発射薬の粒の形状

発射薬は主要成分のほかにいくつかの材料を添加しています。通常、表面膠化剤《こうかざい》、安定剤、消炎剤のうち、必要に応じて所要量を添加します。それぞれの機能を簡単に説明します。

表面膠化剤：発射薬の粒の表面は凹凸があるため、表面積が大きく、ばらつきもあります。このため燃焼速度にもばらつきが生じ、初期の燃焼速度も速くなります。表面を滑らかにすることにより、燃焼速度を一定にし、初期の燃焼速度を抑えることができます。初期のガス圧が急激に高まると、弾丸にうまく力を伝えることができません。

安定剤：発射薬の主要成分であるニトロセルロースは自然分解する特性があります。安定剤を加えることにより、この自然分解を抑え、長期間安定した性能を維持できます。

消炎剤：発射薬が燃えるときには炎が発生しますが、これが銃口や砲口から噴き出すと敵から発射位置を特定されます。とくに夜間はひじょうに目立ちます。消炎剤を加えることで、炎の発生を抑えます。

発射薬の品質で、成分と同じくらいに重要なのが、一つひとつの粒の大きさと形状です。たとえば、同じ薬莢に発射薬を入れる場合、粒が大きいほど火薬量が少なくなるためガス発生量が少なくなり、表面積が小さくなるために燃焼速度は遅くなります。粒が小さいと、逆に火薬量が多くなるためガス発生量は多くなり、表面積が大きいため燃焼速度も速くなります。

　形状も燃焼速度とガス発生量に影響します。単なる球状や円筒形の形状より、マカロニのように穴がある形状のものは表面積が大きくなるため燃焼速度が速くなりますが、穴の分だけ火薬量が減るためガス発生量は少なくなります。マカロニは穴がひとつですが、蓮根のように穴が増えるとさらに燃焼速度が速くなり、ガス発生量は少なくなります。また、穴が大きいと燃焼速度が速くなり、小さいと燃焼速度は遅くなります。火器の特性と弾丸の機能に応じて最適な形状にします。

　弾丸に直接力を及ぼす銃（砲）身内の圧力とピークの時間は、以上の火薬量と火薬の燃焼速度のほか、火薬の燃焼温度や熱エネルギーとしての損失などのいくつかの要素に影響され、試験結果による基礎データと複雑な計算式により求めます。あとはシミュレーションにより、発射薬の粒の最適な大きさと形状、薬量を決め、試験により確認しながら細かい修正をするという手順を繰り返します。

　また、発射薬の燃焼は外気温にも影響されます。外気温が上がるほど圧力も高まるため、気温の変化によって弾丸の初速が変わります。直接照準火器であれば、同じ場所を狙っても、気温が低いと下方に、高いと上方に着弾地点が変わります。外気温によって、そのつど照準を修正しなければなりません。現在では、外気温に影響されずにガス圧が一定になる技術が使われています。

　ところで、われわれの身の回りにある粉状の物質、たとえば砂糖や塩、小麦粉などの一つひとつの粒がどのような形状をしているのかを気にする人はいないと思います。粉の粒は、何らかの意図をもって、大きさと形状が決められています。食品であれば、溶けやすさや溶けにくさ、固まりにくさや固まりやすさ、製造のしやすさなどです。しかし、粒の形状と大きさを均一にし、粒にコーティングまでしているのは、発射薬だけでしょう。

発射薬の粒に特殊なコーティングをすることにより、外気温の影響を最小限にできます。このコーティング材料は、低温では剥がれやすく高温では剥がれにくい性質を有しています。したがって、低温ではコーティングが速く剥がれて燃焼速度が上がり圧力が高まります。逆に高温になるとコーティングが剥がれないため燃焼速度が下がり圧力が低くなります。このコーティングの作用により、温度変化にともなう圧力の変化を打ち消し、外気温の影響を少なくします。

信管の構造と機能—接触による目標の検出

弾薬の基本的な構造・機能は、弾丸、発射薬、雷管（火管）の三つからなります。最も簡単な構造の小火器弾は、弾丸と薬莢、薬莢に入っている発射薬と発射薬に点火するための雷管から構成されます。榴弾砲から発射される榴弾は、信管と炸薬が入った弾丸、装薬（発射薬）、火管が別々に管理されますが、すべて揃ってひとつの弾薬とイメージして問題ありません。これがすべての弾薬の基本となります。

前項で火薬系列の説明をしました。火薬系列とは、少量で敏感な爆薬から大量で鈍感な爆薬までい

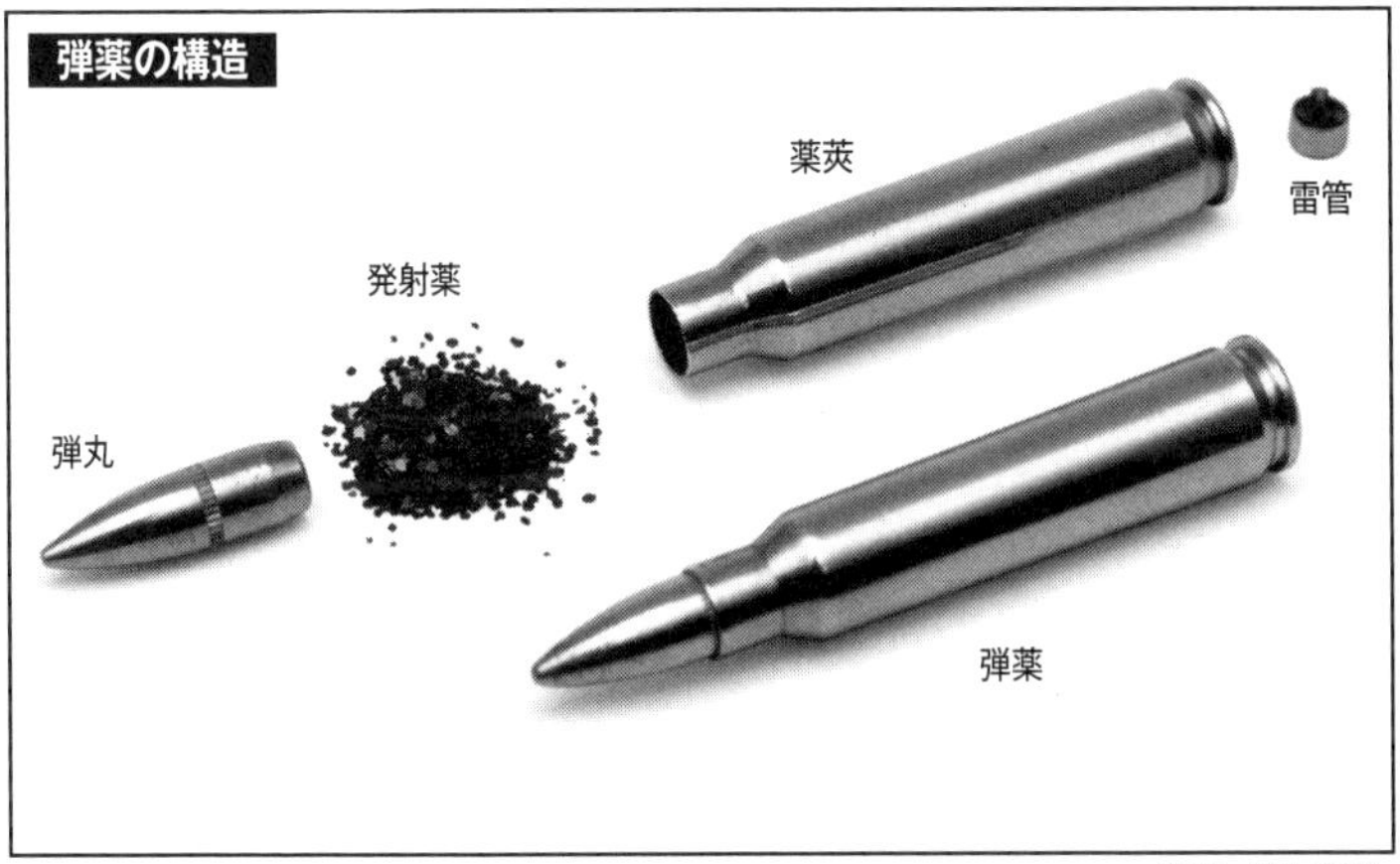

（写真：床井雅美）

くつかの爆薬をつなげて、点火の容易性と取り扱いの安全性を確保するためのものです。たとえば、榴弾のメインの爆薬である炸薬は威力があり鈍感な性質のため、敏感で威力が比較的弱い少量の起爆薬をまず起爆させ、逐次、威力が大きく鈍感な爆薬をつなげて、最終的に炸薬を起爆させます。この火薬系列が信管の主要な構造となります。

榴弾砲や迫撃砲の榴弾に限らず、炸薬が使用されている砲弾、ロケット弾、ミサイルには炸薬を起爆するための火薬系列が必要です。つまり、これらすべてに信管が組み込まれていることになります。榴弾砲、迫撃砲の砲弾以外は、信管と本体が一体となっているため、外観からは信管は見えませんが、同じ機能がある信管が組み込まれています。

火薬系列を主要な機構とする信管ですが、このほかにもいくつかの機構により構成されています。砲弾は目標に向けて発射し、目標に対し最も効果的なタイミングで爆発させます。このため、まずは火薬系列の最初の起爆薬に点火するための目標とタイミングを検出する機構が必要です。

これを一般的には「検出部」と呼びます。目標とタイミングを検出する方法には4種類があります。ひとつ目は、四つの中でも最も単純な目標との接触による検出方法です。砲弾が地上に着地したり、戦車に命中した瞬間を捉えるものです。接触を感知する方法は機械式と電気式があり、機械式は目標に接触した力により作動し、電気式は目標に接触して電気回路のスイッチがオンになります。

航空機や艦艇、建物などを目標とする場合、目標の内部に砲弾が入ったあとに爆発すると破壊の効果が大きくなるため、機体や船体、建物の壁との接触のあとに信管を作動させる延期機能があるものもあります。信管の作動を延期させる方法は火薬の燃焼によるものが多く用いられていますが、最新式のものでは電気回路が用いられています。

ちなみに、第2世界大戦中、米軍が空襲で投下した爆弾の中には、長延期時限信管といって、地上に落ちたときには爆発せず、空襲の数時間後に避難した住民が戻った頃に信管が作動する非人道的な信管が用いられているものもありました。この信管は、地上との接触で内蔵されている薬品が入ったアンプルが割れ、化学反応が生じ作動します。この反応時間によって起爆のタイミングが調整できます。

しかも、このタイプの信管の多くは、爆弾本体から取り外そうとして回すと信管が作動して爆発す

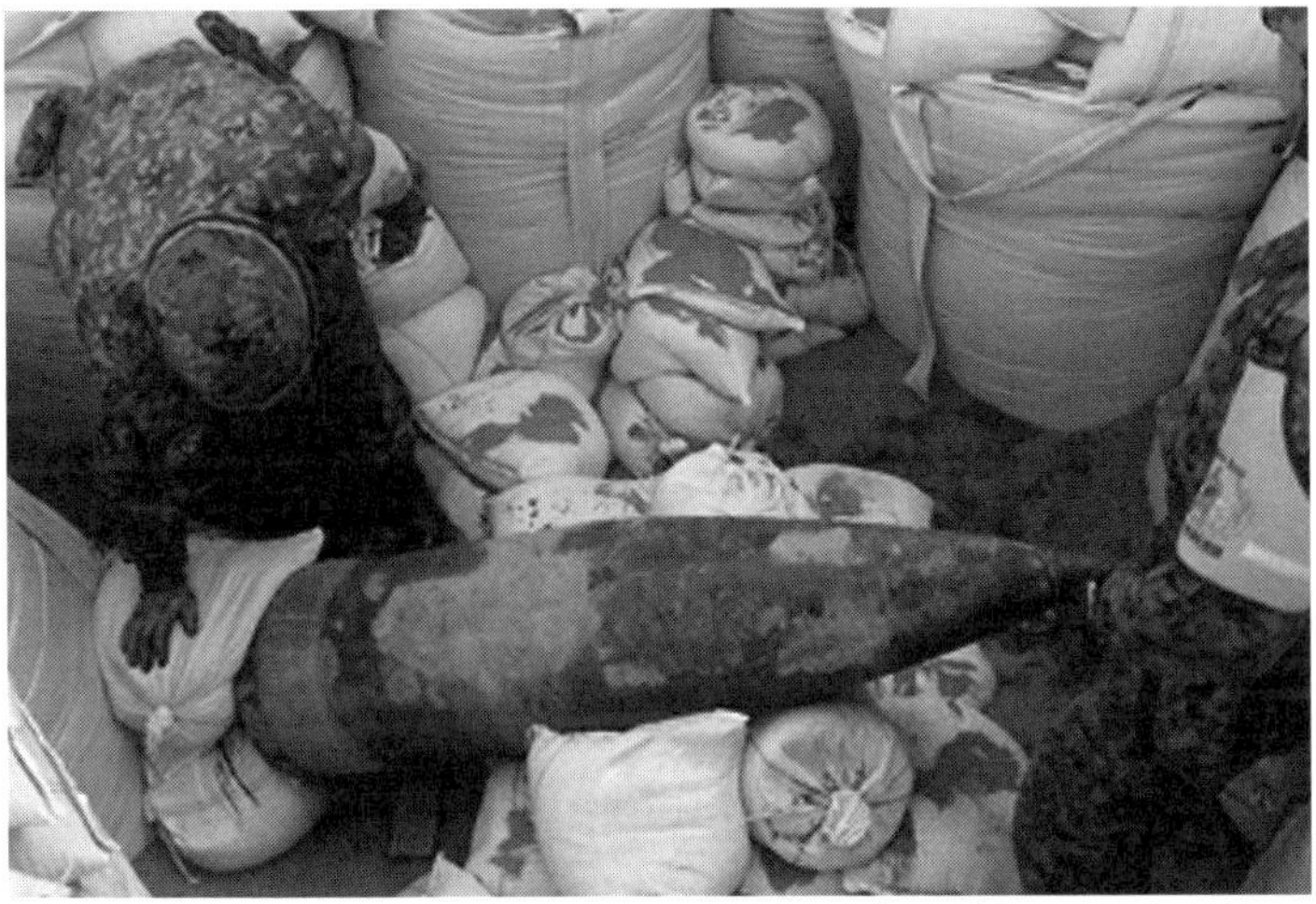

不発弾処理作業中の陸自武器科（不発弾処理隊など）の隊員。発見された不発弾は種類の識別、危険度が判定され、特に危険度が高いものは現場での安全化または爆破処理を行なう。危険度が低いものは安全化後に回収し、後日、爆破や解体処分される。

る仕組みになっています。信管が作動し時限機能が働いて最終的に爆弾を起爆させる前に、信管を取り外して処理できないように工夫されており、たいへん厄介な信管です。

現在では、この信管を装着した不発弾は、ほとんど出てきませんが、数十年前までは工事中に発見されることがよくありました。爆弾投下時にはアンプルが割れずに、工事中の衝撃で割れたと仮定すると、その数時間～数日後に爆発するわけですから、時限の最大時間まで不発弾周辺から住民を避難させ、その後に処理しなければなりません。米軍が投下した爆弾は、戦後も長く日本に脅威を与えてきたわけです。

このタイプの信管の付いた爆弾を安全に処理するには、爆薬を仕掛けて誘爆させる方法が最も適切ですが、市街地の中では周辺の建物に被害を与えてしまいます。そこで陸自の不発弾処理隊は、ドリルで穴を開けて信管を作動させるためのピンを取り出すという、独自の処理方法を考え出し、周囲に危険を及ぼすことなく、長延期時限信管が装着された爆弾を処理してきました。

まさに命がけの仕事ですが、この作業を実施する自衛官の俸給に加算される不発弾処理手当（日額）は、現在（2019年）は1万400円です。自衛官の本来職務そのものが、命がけですからこの金額が妥当かどうかは難しいところですが、今まで失敗例がないため増額されてこなかったという行政上の理由が背景にあるのだろうと思います。なお、不発弾の信管を人が手回しで抜く自衛隊の作業を、米軍は「クレイジー」と評価（？）しています。

信管の構造と機能―目標への接近の検出

榴弾を目標に射撃する場合、地上に着弾してから爆発するよりも目標の上空で爆発させると、破片がより広範囲に飛散します。また、露天掩体に目標が隠れている場合においても上空から破片が飛散するため、弾が直撃しなくても効果が得られます（これを曳火《えいか》射撃という）。航空機のように高速の目標の近傍で高射機関砲弾や対空ミサイルを爆発させ、破片の飛散により目標を破壊させると直撃に比べてはるかに命中率が高まります。

このように、目標に接触することなく信管を作動させるためには、目標に近づいたことを信管が直接検出する方法と、目標到達までの時間を計算し、目標に到達する前に信管が作動するようにあらかじめ時限を設定しておく方法があります。

前者の方法は、後者に比べて技術的レベルも高く、複雑な機構が必要で金額的にも高価です。航空機などの移動目標の場合は、あらかじめ時限を設定することができないため、前者の方法が用いられます。また、地上目標についても、あらかじめ時限を設定する余裕がないとき、詳しい地理データがない場合は榴弾に前者の信管が用いられます。そして、目標への近接を検出する信管の代表的なものがＶＴ（Variable Time）信管です。簡単に原理を説明します。

まず、信管が自ら目標に対し電波を発射して、目標に当たって反射した電波を受信します。この検出方法にも各種ありますが、わかりやすいのは、電波を発射してから目標に反射して戻ってくるまでの時間を測定することで距離を検出する方法です。電波の速度は光速と同じですから、電波が戻ってくる時間は非常に短いものですが、現在の技術では簡単に正確に測れます。ゴルフ用のレーザー測距器のように個人でも簡単に入手できるレベルです。

初期型のＶＴ信管は、森や林と地面との区別がつかなかったため、森や林の上空で信管が作動してしまい、効果的な曳火射撃ができないことがありました。最新のＶＴ信管は、技術の進歩で地表と植物からの反射波を区別し、地上目標に対して最も効果的な曳火射撃ができるタイミングで信管が作動します。

時限を検出する方法は固定式と可変式があり、固定式には火薬が用いられ、可変式には機械式と電気式があります。火薬式は火薬の燃焼時間で時限を規制します。機械式と電気式については時計の原理で時限を規制し、それぞれ、手巻き、自動巻きの腕時計とクオーツ式の腕時計の違いと考えてもらえばいいと思います。

火砲の発射角と装薬量で射程が決まりますが、同時に発射から着弾までの時間も決まります。着弾の時間の少し前に信管が作動するように時限を設定することで、曳火射撃が可能となります。設定した時限は通常、弾が発射された際の衝撃で時間を刻み始めます。

最新の時限式の信管は、レーダーやレーザーで目標の距離を測り、弾が目標に近接する時間に応じて、弾を発射する時点で時限を設定することができます。つまり、近接を感知する信管と同様に、航空機などの目標が移動している場合においても正確に目標近傍で弾を起爆させることができます。構造が簡単で安価なため、最近の高射機関砲弾は、この方式が使われるようになってきています。

目標検出方式による信管の分類には次の4種類があります。

①着発（瞬発）信管：目標に当たった瞬間に信管が作動
②着発（延期）信管：目標に当たってから一定時間遅れて信管が作動
③時限信管：弾丸の発射から一定時間経ってから信管が作動
④近接信管：目標への接近を検知して信管が作動（ＶＴ信管は近接信管の代名詞的になっています）

以上のほかに、地上装置などの信管以外の装置からの指令により信管を作動させる方式がありますが、砲弾ではほとんど使われていません。したがって、弾薬用の信管に関しての目標検出方式による分類については4種類と理解してください。なお、指令による方式はミサイルで多用されており、後述（178ページ参照）します。

信管の構造と機能—信管の安全機構

軍事用語として「アーミング」という言葉がありますが、「安全機構（装置）が解除される」という意味の誤った使われ方がよくされているのが「アーミング解除」です。安全機構が解除されて信管がいつでも作動する状態になるのが「アーミング」です。「アーミング解除」とは、再び安全機構が働いて信管が安全な状態になることです。まったく逆の意味になりますから、注意しないと話がわからなくなってしまいます。

信管を構成する機能の中で、すべての信管に対して、精巧で高い信頼性が要求されるのが「安全機構」です。構造も比較的複雑になります。近接信管や時限信管の検出部の機構を除くと、ほかの機構はほとんどが単純な機構です。それだけ信管にとっての安全性は重要です。

信管は、発射前と発射後一定時間は絶対に作動してはいけません。そして、弾薬の効果を期待する時間・場所においては確実に作動しなければなりません。前者にしか「絶対」がついていませんが、信管に要求される安全性の高さを表しています。後者の機能不全で不発になることは許されますが、前者の機能不全での過早点火・起爆は絶対に許されません。過早点火・起爆する恐れのある弾薬など、訓練でも実戦でも使用することはできないからです。

しかし、残念ながら、信管の技術的信頼性がそれほど高くなかった過去には、陸自の射撃訓練でも弾薬の過早起爆により、貴重な隊員の生命を失った事故も発生しています。信管の安全機構は、射撃を行なう隊員の安全に直結する、まさに信管の命ともいえます。

一方、発射時に弾丸には数千〜数万Gの加速度と数千〜数万回転／分の旋回という、通常ではありえない過酷な環境が加わります。このような環境においても信管が作動しない安全性と各種機構が壊れない信頼性が求められます。

このように信管には高い安全性と信頼性が求められるため、射撃する前の状態ではいくつもの安全機構が重ねられています。保管、運搬中に衝撃を加えても作動せず、弾丸発射時の過酷な環境においても作動しないことです。また、安全解除（アーミング）も通常、二つの要件が必要となります。

一つ目の要件は、人為的な操作によっては安全解除されないことです。小銃などは射手が安全装置をかけたり外したりしますが、信管はこのような人の操作によって安全装置が外れないことが必須となります。ヒューマンエラーによる誤作動を完全に排除しています。

二つ目は、独立した二つ以上の条件が重ならないと安全解除されないことです。たとえば、弾丸発射時の衝撃だけで安全解除してはなりません。ライフリングの砲身で撃つ場合であれば、発射時の衝撃と弾が旋回するときの遠心力の二つの力によって安全解除される機構となります。そのほか、空気抵抗による減速度や飛翔時の空気摩擦による加熱、砲身内で抑えられていたピンの離脱などを利用します。

この二つ以上の条件によって安全解除される機構を説明します。まず機械的機構として、火薬系列を遮断していた装置が外れ、火薬系列をつなぎます。通常は起爆薬と伝爆薬の間にシャッターを配置し、射撃後の環境の変化（加速度、旋回など）によりシャッターが開く構造となっています。また、当初、一線上に並んでいなかった、撃針から伝爆薬までのいくつかの爆薬を一線上に動かし、ラインを完成させます。

電気により点火する信管については、短絡されていた回路（短絡部分に電気が流れてしまい回路には電気が流れない状態）の短絡部分を切断するか、切断されていた回路を接続します。同時に点火に必要な電力を充電します。電気方式の信管についても機械的機構が組み込まれていて、安全状態では火薬系列が完成していません。

また、アーミング状態になるのは、弾が砲口から出たあと、万が一爆発しても火砲や操作員に危害を与えない距離を飛翔してからです。弾丸の飛翔速度はひじょうに速いため、飛んでいる昆虫にあたっても信管が作動する場合があります。目標との接触圧力の設定も安全性と確実性のバランスがきわめて微妙です。

火薬系列を完成させるための機械的機構は、射撃の衝撃や弾の旋回による遠心力など、通常ではあり得ない力が働かないと作動しないため、射撃以外の方法で炸薬を起爆することはできません。弾薬というと一般的にはひじょうに危険なイメージがありますが、発射前の弾薬は高い安全性が確保されています。現在、日本で使用されている信管は安全機構が１００パーセント完備されたものであり、隊員の安全、弾薬の保管場所、運搬経路周辺住民の安全は確保されています。

信管の構造と機能—電源部

すべてが機械式で構成されている信管に電源は必要ありませんが、誘導弾をはじめとして、多くの信管で電気式の機構が組み込まれており、これらの信管は電源がなければ作動しません。現在ではひじょうに重要な機能です。

また、電源といっても、われわれが日常的に使っているような電池を使うわけにはいきません。信管には高い安全性と信頼性が求められるため、電源についても特殊なものとなります。このため、一般的なバッテリーとは異なった性能が要求されます。特徴的なものをいくつか説明します。

第一は長期間の保管に耐えられることです。弾薬を備蓄する場合は弾種、調達や消費の事情などで異なるものの、10年以上の長期間に及びます。射撃訓練には古いものから使用し、製造の新しいものが備蓄されるように在庫管理はしていますが、備蓄が増えるにしたがって古い在庫が増えてくるわけですから、長期間の保管ができることは重要な要素です。

第二に保管中は当然ながら、できる限り射撃するまでは電力を発生しないことです。つまり、電源として機能しない状態にあることです。電気点火の信管であれば、射撃前に電源がない状態であれば100パーセント作動しません。

第三に射撃後短時間に起電力を発生し、信管の作動に供給できる電源部として完全に機能することです。ここでも安全機構と同じように射撃の衝撃や弾丸の旋回による遠心力を利用する方式や空気中を飛翔するときの風の力で風車を回すものがあります。やや安全性は劣りますが、発射前に信管内のバッテリー（通常は大容量のコンデンサーを使用する）に充電するタイプもあります。

そのほか、小型・堅牢、低コスト、温度などの環境の変化に影響されない安定性、製造の容易性などがあります。榴弾砲用や迫撃砲用のように取り付け式のものと戦車砲弾のように組み込み式のもの、対空誘導弾用のように生産量が少数なものと、それぞれ信管の特性が異なるため、要求される性能が異なります。

ここでは、榴弾砲用信管に多く使用されている注液式の電源を紹介します。基本的な構造は車のバッテリーと同じです。容器の中に酸性溶液（車のバッテリーでは希硫酸、信管の電源は過塩素酸）が入っていて、電極には鉛と二酸化鉛が使われています（これでなぜ電気が発生するのか説明は紙幅の都合で省略します）。車のバッテリーでは最初から溶液の中に電極が入っており、いつでも電力が発生する状態にあります。信管用の電源では、溶液がアンプルの中に入っていて溶液と電極が接触していないため、電力は発生しません。

アンプルと電極の配置は、中心にアンプルがあり、アンプルを囲む筒状に電極があります。弾丸が発射される衝撃によってアンプルが割れるとともに、弾丸の旋回による遠心力で溶液は筒状の電極に張り付くかたちになります（溶液も遠心力で中心が空洞の筒状になる）。これで車のバッテリーと同じように電極が溶液に浸かり、電力が発生します。

アンプルは、射撃の衝撃でようやく割れるくらいの強度があるため、落としたくらいでは割れません。また、旋回による遠心力が働かないと電極が溶液に浸かりませんから、電力は発生しません。二つの条件が揃わないと電源としては機能しない高い安全性を備えています。また、アンプルに溶液が密閉されているため長期保管にも耐えられます。

電気式の信管では、電源部も安全機構の役割を果たしているため、保管、運搬時の安全性はさらに高くなります。ただし、化学物質などを使うため保管期間は機械式に比べると短いのがふつうです。

コラム④ 輸入小火器弾の品質と意外なコスト

国産装備品の仕様や性能に関する問題は、日本の特殊な訓練環境による影響が大きいと思われます。たとえば、射撃訓練後の薬莢回収です。受領した全弾を確実に撃ったかどうかの裏づけのために「撃《う》ち殻《がら》」薬莢を回収します。規則上は現場指揮官が全弾射耗の判断ができれば問題ありませんが、ひじょうに困難です。そこで薬莢を全弾回収するのです。

陸上自衛官で薬莢回収のたいへんさを知らない者はいません。小銃や機関銃には薬莢受けを付けて訓練しないと、訓練時間よりも回収時間が多くなってしまいます。つまり、小銃や機関銃の排莢口は薬莢受けを取り付けられる形状にしないと使えません。

装甲車や戦車の機関砲（銃）の薬莢は、戦闘時を考えれば車外に排出されるのが合理的です。車内が薬莢だらけでは乗員の動きを阻害します。しかし、平時の訓練では外に排出すると、あとで回収するのはひじょうにたいへんです。自衛隊の装備品としては向いていません。こんなことも装備品の仕様や性能に影響しているのです。

陸自の射撃訓練で薬莢回収が重要なのは、銃刀類の所持が厳しく規制されている日本の国内事情が強く反映されています。アメリカでは広く一般人にも銃の所持が認められているため、当然、拳銃弾や小銃弾も所持しています。一方、日本では弾薬を所持している人はきわめて少数で、その管理も厳格です。

したがって、陸自で使用する弾薬が紛失し、それが部外に流出したり一般人の手に渡るような事態は絶対に許されません。もし紛失したなら徹底的に探し出さなければなりません。このため射撃訓練では、薬莢回収によって弾薬を紛失していないことを最終的に確認しています。数が足りない場合は徹底的に探します。もしも射場で薬莢が見つからない場合、実弾を紛失したことになります。

紛失を前提として実弾を探す場合、どの時点で紛失したのかを確認しなければなりません。必ずしも、射撃中になくなるわけではなく、授受の際に落としてしまったことも考えられるし、故意に誰かが抜き取った可能性もあるかもしれません。弾薬メーカーが出荷した際に不足していた可能性もあります。

「出荷の際に弾が足りないことなどあるのか」という疑問が生じるかと思いますが、昔は日本のメーカーでもありましたし、輸入品の弾薬については、今でも頻繁にあります。1万発のうち1発足りないのは、金銭的には許容範囲です。しかし、実弾を紛失したかもしれない部隊にとっては、最初から足りなかったかどうかは死活的な問題です。最初からなければ、いくら探しても出てきません。自衛隊側に問題があるのか、メーカー側に問題があるのかの責任の所在も曖昧です。

この問題を解決するため現在では、メーカーから小火器弾を出荷する際は、重量計測やX線撮影により全弾を数量検査、記録して、100パーセント間違いないことが保証されています。これで回収した薬莢が足りない場合は、自衛隊側の過失になるわけです。このような工程を実施しているのは、おそらく日本だけでしょう。

では、輸入品の場合はどうするのかというと、自衛隊側ですべて開梱して数量を確認し、自衛隊内で100パーセントの保証をして、部隊に補給することになります。この作業はひじょうに人手が要り自衛隊だけではできないので、部外にこの作業を委託することになります。当然、タダでというわけにはいかないので役務費《えきむひ》を支払います。小火器弾を輸入すると、プラスで役務費が発生するため、弾薬の輸入額だけでは国産品との価格やコストを比較できないのです。

また、輸入した弾薬を全数確認するのは、数量の保証だけではなく品質の確認もあります。輸入品の製造国とメーカーにより品質はまちまちですが、今までの輸入品と国産品の弾を比較すると、国産品の品質はきわめて良好です。ある国のあるメーカーから輸入した小火器弾の中には、弾丸が曲がって薬莢に付いているものや薬莢が錆びているもの、雷管の取り付けが不良のものなど、日本の製品では考えられないものも混ざっていました。これらの不良品をすべて取り除くことも、全数確認のもうひとつの大きな理由です。

日本のメーカーでは、製造工程の各段階で品質確認するとともに、完成段階においては最終的に人の目で確認しています。人間の感覚はひじょうに優れていて、機械的チェックでは見逃す不良箇所もほぼ完全に見つけます。外国の弾薬メーカーの製造現場を見たことはありませんが、もし、日本と同じ工程で品質管理をしていれば、不良品もほとんど出ないはずです。この工程の多さも価格が高くなる要因ですが、自衛隊が求める品質をクリアするには、必要不可欠です。

第5章　照準装置のメカニズム

拳銃、小銃の照準装置

　火器で射撃して目標に命中させるためには照準が必要です。この射撃に欠かせない照準装置、射撃統制装置について、最も単純な機構をもつ拳銃や小銃から、コンピューターを活用した戦車砲まで順に解説していきます。

　銃や砲から弾を発射して目標に当てるには、銃身を目標に向け目標までの距離に応じた射角をとる必要があります（撃ち出された弾丸は重力で落下するため、射距離が長くなるほど射角を大きくします）。また、銃口が左右のブレなく目標に向いていなければなりません。このために必要なのが照準装置です。

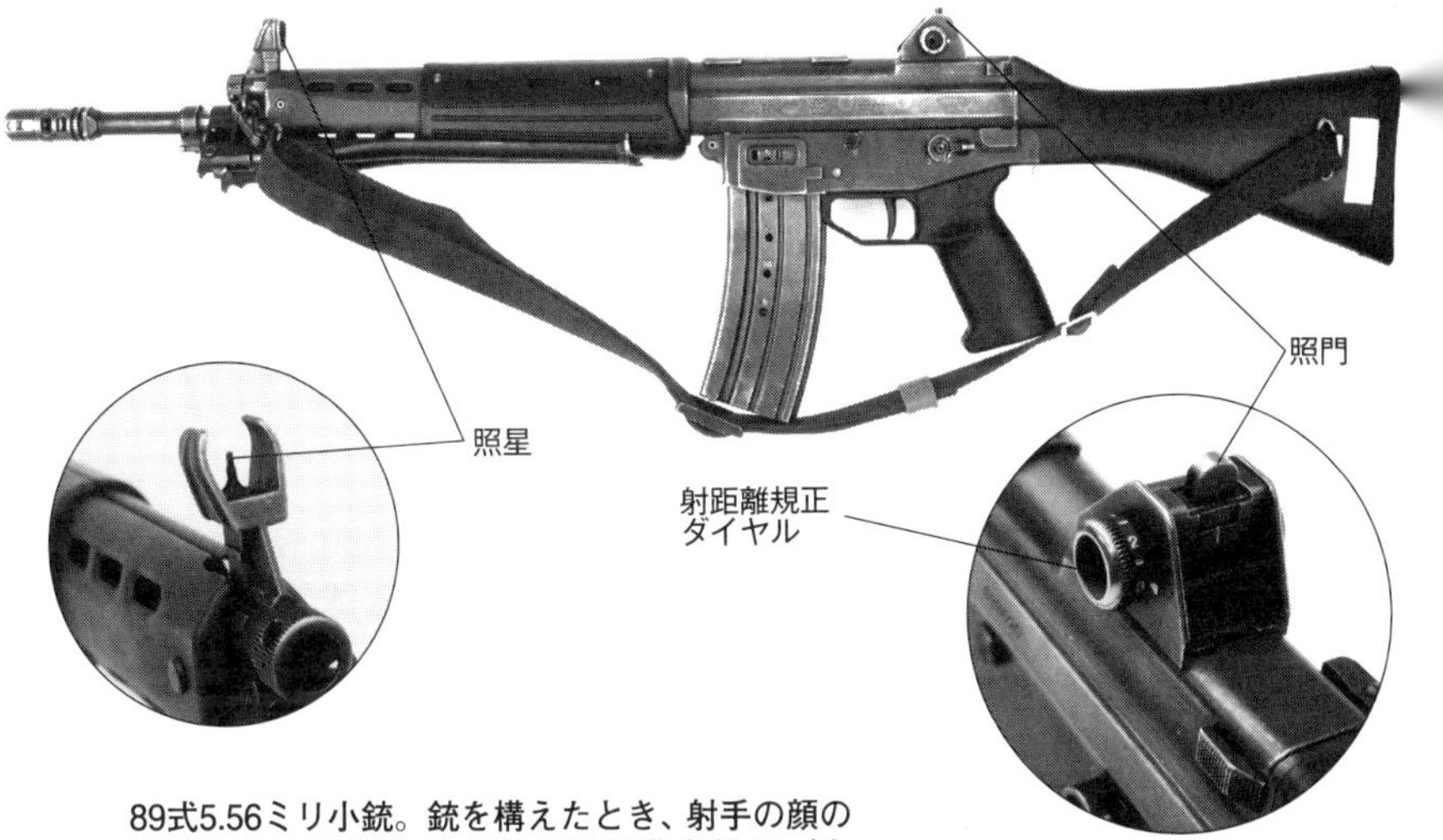

89式5.56ミリ小銃。銃を構えたとき、射手の顔の前に位置する基部の右側には照準点規正（左右）ダイヤル、左側には射距離規正（上下）ダイヤルがあり、照門の位置を調整できる。写真では射距離規正ダイヤルが見える

（写真：横田徹）

小銃や拳銃の照準は、最も構造が簡単な照門《しょうもん》と照星《しょうせい》により行ないます。銃の前方、銃口付近にある凸型のものが照星（フロントサイト）で、銃の後方、射手の目の近くにある凹型または円状のものが照門（リアサイト）です。照門と照星を一致させ、照星の凸型の先端付近を目標に合わせることで銃口が目標に向きます。

小銃に射距離に応じた射角を与えるように、照門は上下します。照門を上げるほど射距離は長くなります。また、照門は左右にも動きますが、機械的なブレや銃身のわずかな曲がりによる、照準装置と銃口の向きのずれを調整します。

拳銃は、有効射程が短いため照星と照門が固定式なのが一般的です。テレビドラマや映

画では、50メートル以上も距離があろうかという目標を拳銃で撃つ場面が出てきますが、現実には命中することはまずありません。せいぜい20〜30メートルが妥当なところです。

照星と照門を使って目標を照準するのは、熟練した技能が必要です。照星、照門、目標の三つを一直線に合わせなければなりません。初心者に多いのが、照星と目標を合わせるのに気をとられて照星と照門が合わなくなることです。これをレンズ利用して、照準装置の1点と目標の二つを合わせることにより、照準を簡単にしたのが照準眼鏡（スコープ）や光像式照準器（ドットサイト）です。

照準眼鏡や狙撃眼鏡とも呼ばれるスコープには、光学式やレーザーを用いるものなど複数の方式がありますが、テレビドラマや映画などによく登場するのは、接眼部から覗くと十字の線（照準刻線：レティクルパターンという）が見え、この十字の真ん中に目標を合わせるものです。望遠鏡や双眼鏡のように目標が大きく見え、遠くの目標が狙いやすくなります。

スコープは遠い目標を正確に狙う目的で作られています。したがって、レンズによって、3〜5倍の倍率で目標を拡大します。目標が大きくなると狙いやすくなりますが、視野が狭くなるというデメリットがあります。近距離の射撃には使えません。

スコープの使用について、誤解が多いのはスコープによって命中精度が向上するかのように思われることです。命中精度そのものは銃と弾薬の性能によるもので、銃本体の精度が低かったり、距離に応じた弾薬の性能が不足していれば、命中率の向上は望めません。そして射手（狙撃手）の射撃技能

64式7.62ミリ小銃。照準眼鏡を装着して狙撃銃（写真）として使用できるほか、銃口部に擲弾発射機を装着して擲弾を発射することもできる。

が優れていることが肝要です。スコープは人為的な照準のエラーを小さくして、照準の精度を高めるために使用するものです。

ドットサイト（ダットサイトともいう）は、照準器内の光源から発した光の点（ドット、赤色が多い）を目標に重ねることで照準します。スコープとは異なり、ドットサイトは照門、照星、目標の3点照準のわずらわしさを軽減して、光の点と目標の2点照準にすることで、正確で素早い照準をすることが目的です。したがって、目標を拡大せず視野を確保することを重視しています。近距離射撃に威力を発揮します。

近距離射撃でさらに有効なのはレーザーサイトです。銃に取り付けられた装置からレーザー光を目標に照射することにより、狙っているポイントを確認できます。照準器を覗く姿勢をしる必要がりません。近距離ではドットサイトよりもさらに迅速、正確な照準ができます。テレビドラマや映画で遠距離からの狙撃でレーザー照射される場面を観ることがありますが、射撃する位置が発見されるため、レーザー照射のメリットはありません。狙撃用スコープ以上の効果は得られません。

なお、移動目標を射撃する場合は、目標の未来位置（弾が目標に到達するときの目標の位置）を予測して射撃することになりますが、車両などの大きな目標でなければ精度は極端に低下します。この場合は弾薬に曳光弾を使い（通常、数発に1発の割合で曳光弾を装填します）、着弾する場所を確認しながら照準を目標に追随させます。

戦車砲の照準装置

直接照準火器である戦車砲の照準も基本的原理は小銃と変わりません。61式戦車では直接照準眼鏡で照準していました。最も簡単な照準装置で、旧軍の戦車でも使われていたものです。これは小銃のスコープと同様です。ただし、射距離に応じた射角の付与や移動目標を狙うために、目標と合致させる十字線のほかに、射距離や目標の移動速度に応じた数値が刻まれています。

74式戦車からは射撃統制装置（FCS：Fire Control System）が搭載され、照準装置はFCSが射撃を統制するのに必要な情報収集するための器材（センサー）の一つとなります。呼び名も照準具となります。しかし、目標を光学的（最新の技術ではミリ波レーダーも用います）に捉え、目標までの距離や目標の移動速度に応じて砲に射角と方位角を付与して射撃するという原理はまったく変わりません。これらの手順を人が行なうか機械が行なうかの違いです。

弾丸は撃ち出されたあと、重力により落下します。0・5秒で1・2メートル、1秒で4・9メートル、2秒で19・6メートルです。弾丸の速度が1000メートル／秒の場合、500メートル先の目標であれば1・2メートル落下し、1キロメートル先の目標では4・9メートル落下するということです。初速が2000メートル／秒近いAPDSFSでも、目標が2キロメートル先にあると5メートル近く落下します。したがって、目標までの距離を正確に測定しないと命中しません。

現在はレーザー測距器が個人でも簡単に手に入る時代ですから、正確な測距が可能です。しかし、61式戦車の時代にはレーザー測距器は登場していません。この当時は光学式の測距器を使用していました。

光学式の測距器（陸自での呼称は測遠機）は、長い筒（1メートル以上）を横にした形状をしており、左右両端に目標を捉えるレンズ（対物レンズ）が、中心付近に両眼で目標を見るレンズ（ファインダー）があります。対物レンズで捉えた目標をファインダーから覗くと、目標像が二つに見えます。目標が近くなるほど見た目のこの間隔が離れています。この二つ見える目標像を一致させることによって距離を測ります。

原理は三角測量と同じで、測定位置から対象物までの距離は三角関数、ピタゴラスの定理により求められます。詳細については省略しますが、現在でも距離を測るのに幅広く使われている原理です。ちなみにGPSでの自己位置測定にもこれらの原理が使われています。

61式の戦車砲の射撃は、直接照準眼鏡だけでしたが、じつはFCSを搭載する74式以降の戦車にも

61式戦車の砲塔上のキューポラ型銃塔（車長席）。筒状の光学式測距器（測遠機）が銃塔の左右に突き出たかたちで配置されている。銃塔上に搭載されている12.7ミリ重機関銃は銃塔内からの操作で射撃できる仕組みになっている。

直接照準眼鏡が装備されています。万一、ＦＣＳが故障した場合や、電源系統が断線した場合には、眼鏡で目標を直接狙って射撃できます。90式や10式にも直接照準眼鏡が装備されていることは意外と知られていません。

なお、戦車砲の照準では、射角は砲部（砲身、駐退復座装置、閉鎖機などが一体化した部分）を上下することにより、方角は砲塔を回転させることにより行ないます。74式以降は電動モーターで砲部や砲塔を動かしますが、61式では油圧装置が用いられていました。動力はすべて油圧装置を介しているため、砲塔内は油圧パイプだらけです。砲塔を旋回させる場合も油圧です。手動でレバーを回すと油圧が発生する仕組みになっていました。これもあまり知られていない技術です。

戦車の射撃統制装置（ＦＣＳ）

74式戦車に初めて射撃統制装置（ＦＣＳ）が搭載されましたが、弾道計算を行なう電子計算機はアナログです。この弾道計算機が使用されていた時期はひじょうに短期間ですから、74式のＦＣＳは技術史上、希少価値があります。そう遠くない時期に74式は退役しますが、そのおりにはＦＣＳを模擬信号発生回路と模型の74式を組み合わせて可動する状態で、どこかの駐屯地で保存展示するのが望ましいでしょう。

74式以降の戦車は射撃統制装置（ＦＣＳ）が搭載されています。戦車のＦＣＳは簡単に説明すると、目標の距離、移動速度、車体の状態（傾きや移動速度）、風向・風速などのデータから目標に命中させるための発射角と発射方向を計算して砲を動かす装置です。

構成される装置は、センサー（目標の捕捉・追尾、車体の状態の検出、気象状況の計測）、弾道計算機（目標をセンサーで得られた情報から射角・方位角を算出）、旋回・俯仰《ふぎょう》制御装置（弾道計算機が算出した諸元に基づき砲を制御する）が基本となります。古い世代の戦車はこれらの装置の一部を搭載し、限定された能力しかありませんが、最新の戦車ではこれらの装置を完備して高い能力を発揮します。

日本で初めてFCSを搭載した74式戦車は、レーザー測遠機とアナログ弾道計算機の働きで砲が自動的に射角を設定することができ、当時では画期的なことでした。61式に比べて、目標の発見から射撃までの時間が大幅に短縮され、命中精度も向上しています。

命中精度の向上には車体の姿勢制御も大きく寄与しています。油気圧式のサスペンションにより上下左右に車体を傾けられることについては前述しましたが、この機構を利用してボタン一つで車体を水平にすることができます。車体を水平にすることにより、あとは目標までの距離がわかればかなり正確な射撃ができます。

レーザー測遠機の原理はレーダーの原理と同じです。レーザーを発射してから目標に反射して帰ってくるまでの時間を測定すれば、「光の速さ×時間」で距離がわかります。74式ではレーザーにルビ

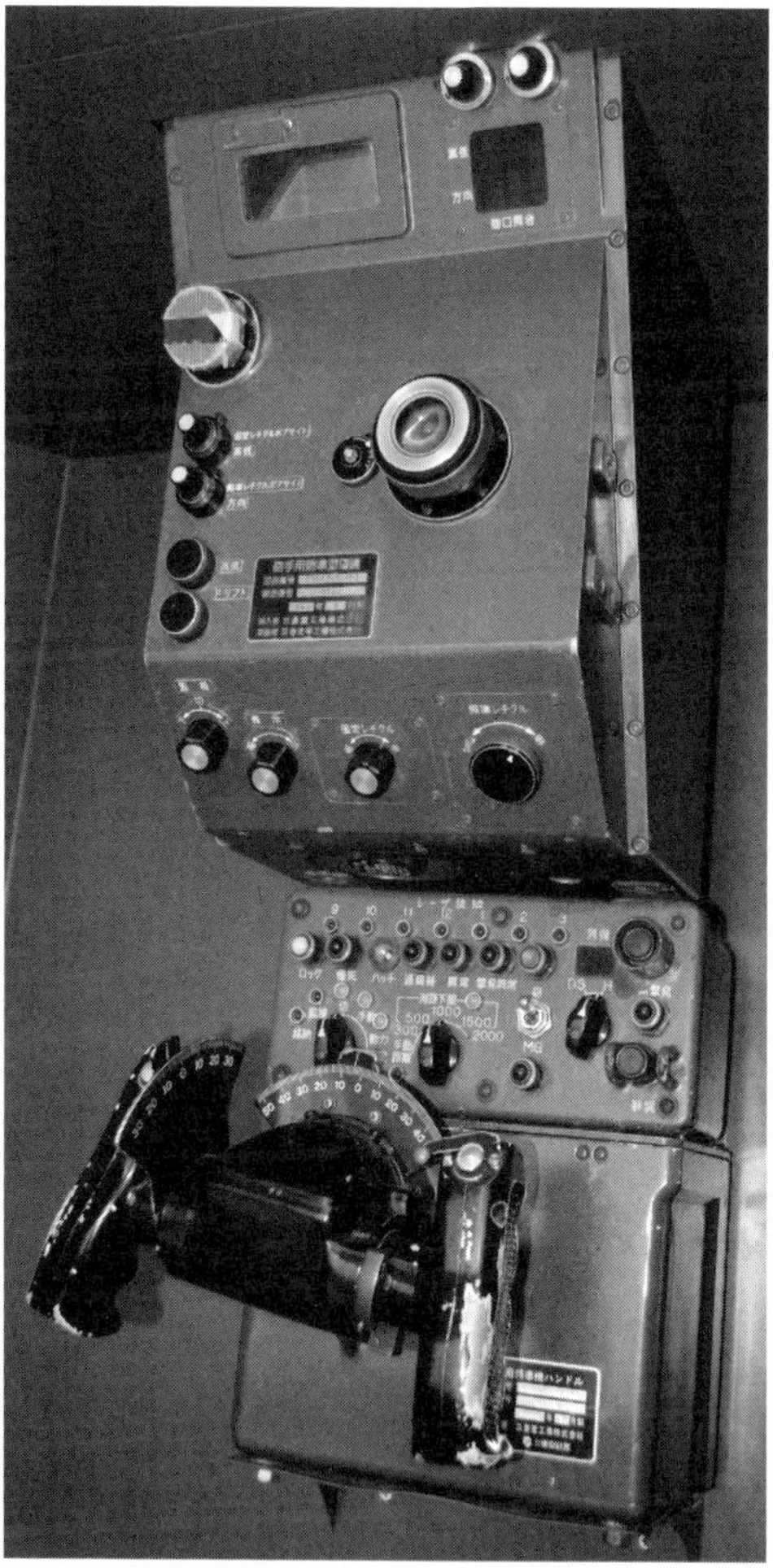

陸上自衛隊広報センター（朝霞駐屯地）に展示されている74式戦車の砲手用射撃統制装置（FCS）。上部が目標を目視で捉えるための照準潜望鏡、その下が射撃統制装置と砲制御用ハンドル（砲塔の旋回、砲の俯仰をコントロールするほか、発射ボタンが付いている）。目標の発見から照準、射撃までの一連の操作は、車長の指令で砲手がこの装置によって行なうが、車長席にも射撃統制装置があり、ほぼ同様の操作ができる。

ーレーザーが用いられています。レーザーポインターと同じ赤い光です。90式以降は赤外線帯域の出力の高いレーザーが使われています。

74式戦車のFCSで興味深いのが、なんといっても前述したアナログ弾道計算機でしょう。現在使われている計算機、コンピューターは、ほぼすべてがデジタルです。アナログ計算機が使われていたのは1960年代までですが、だからといって、古い世代の人にはなじみがあるわけではありません。当時、アナログ計算機は装置が大型のうえ、ひじょうに高価で一般の人が目にすることもないものでした。

１９６０年代には電卓（デジタル）が登場しましたが、重さが20キログラム、価格は50万円という現在では考えられないような代物で、とても卓上計算機といえるようなものではありません。電卓が小型化、低価格化されるのが１９７０年代初期、個人で使えるパソコンが作られるようになるのは１９７０年代後半です。電子計算機（コンピューター）もアナログの時代は短く、すぐにデジタルへと移行したため、アナログ計算機そのものに希少価値があるといえます。アナログとデジタルの違いについては省略しますが、アナログ計算機でも加減乗除だけでなく微積分などの複雑な計算もできることを紹介しておきます。

74式に搭載されたＦＣＳのアナログ計算機は、射角や射距離に応じる修正角を電圧や電流といった電気信号（これがアナログの特徴で通常は電圧を使います）で入出力します。照準潜望鏡で目標を捉えてレーザー測距をすると、目標までの距離を電気信号に変換して目標の距離に応じた射角を計算し、修正角を電気信号として俯仰制御装置に送り砲を駆動します。

開発時、すでにデジタル計算機もありましたが大型かつ高価なため、それほど複雑ではない74式の戦車砲の弾道計算用には、アナログ計算機のメリットが大きかったと思われます。90式が開発された頃には、現在のようなコンピューター技術も手軽に使えるようになっており、アナログ計算機は姿を消しました（90式が射撃するための弾道計算をアナログで行なうのは不可能です）。

74式の戦車砲の大きな特徴の一つに砲安定機能があり、この機能があるがゆえに74式でも走行間射撃が可能と誤解している人もいますが、74式のFCSの能力を考えれば走行間射撃ができないのは明らかです。74式の砲安定機能は車体の向きを変えても砲の向きが変わらないものですが、砲が目標をロックオンしているわけではありません。おおむね目標の方向に向いているだけです（正確には方角で規制されています）。射撃するときは停車して照準しなければなりません。しかし、停車したあとに照準する際、砲を動かす動作が小さくなりますから、この機能があるために射撃までの時間がかなり短縮されます。

進化する戦車の射撃統制装置

74式戦車のFCSはアナログのコンピューターを使ったひじょうに簡易なものですが、90式からのFCSは走行間射撃を可能にするために本格的なコンピューターを用い、複雑な計算をしています。現有戦車としてはほぼ完成形と考えて問題ありません。

74式から90式への進化の中で、射撃統制装置としてのFCSの機能はおおむね完成され、精度はともかくとして、走行しながら移動している目標を射撃することが可能となりました。「精度はともかく」と表現したのは、戦車の動きの激しさで命中率が変わるということを意味しています。

90式から10式への進化では、コンピューターのハードとソフト、センサーの能力向上により走行間射撃の命中精度は向上しています。いまだ開発は着手されていませんが、新しい戦車の命中精度はさらに向上することでしょう。

ＦＣＳの機能とは、弾道に影響を与えるさまざまな要因を計算して、照準具で捉えた目標（この状態で砲と目標は直線です）と、実際に撃ち出される弾丸が描く弾道の差を、砲に射角と方位角（射撃諸元とも呼びます）として与えることです。

固定目標を停止して射撃する場合、レーザーのように弾丸の弾道が直線であれば、ＦＣＳの機能は必要ありません。しかし、実際の弾丸は砲身の曲がりや車体の傾きにより当初から方向が変わり、重力により落下し、風により流されます。これらをセンサーで捉え、コンピューターで瞬時に計算し、射撃諸元を修正するのです。

弾道に与える要因として主要なものは、目標までの距離、車体の傾き、横風、発射薬の温度、砲身の曲がりです。これらをレーザー測遠機や各種センサーで捉えます。目標までの距離、車体の傾き、砲身の曲がりについては前述しましたが少し補足します。

砲身の方向に対して車体が左右に傾くと砲身を上げたとき（射角を大きくしたとき）に車体が傾いた方向に砲身が向き、射角は射距離に応じた射角に比して小さくなります。74式では姿勢制御で車体を水平にして傾きをなくしましたが、90式、10式では車体の傾き（正確には砲の傾き）をセンセーで検出して、ＦＣＳにより射撃諸元を修正します。
砲身の曲がりはサーマルジャケットにより最小限に抑えられていますが、１２０ミリクラスになると、砲身が重いため曲がりを無視できるほどには抑えられません。そこでセンサーにより砲身の曲がりを検出し、ＦＣＳで計算して射撃諸元を修正します。90式、10式にある砲身の先端付近についている小さな箱形のものがセンサーの一部です。16式機動戦闘車では搭載砲が１０５ミリになったため、このセンサーはなくなりました。

90式戦車の120ミリ滑腔砲の先端部には砲口照合装置のセンサー（ミラー）がある。砲手用直接照準眼鏡と軸線を合わせることで、砲身の曲がりや歪みを検出する。

横風センサーが捉えるのは戦車周囲の風であり、弾丸が飛んでいくコース上の風向風速とはまったく同じではありません。しかしながら、戦車砲の射距離はせいぜい２～３キロメートルなので、弾道への影響する差はほとんどないと考えられます。

発射薬については弾薬の解説で前述したとおり、温度によって燃焼速度が変わらないような工夫されていますが、完全ではありません。外気温が高くなると燃焼速度が速くなり弾丸の初速も早くなりますから、温度によって射角を修正する必要があります。

走行間に移動目標を射撃するとなると、さらに複雑になります。移動目標を射撃するには弾丸が目標に到着するときの未来位置を予測し、弾丸発射時には目標がいない方向に射撃しなければなりません。自車の未来位置も予測し、それを基準に射撃諸元を算定する必要があります。当然、つねに目標を追尾できなければ、適時に射撃することは不可能です。

走行しながら目標を追尾する場合、74式のように照準具と重い砲塔が一体となっていると、どうしても遅れが出ます。そこで90式からは砲塔上に設けられている照準具が独立して動きます。照準具にはスタビライザー（安定化装置）が付いており、車体の動きにかかわらず、つねに目標を捉えられるように制御されます。照準具が独立することにより、車長と砲手が別の目標を捉えることができるようになりました。

74式も車長と砲手のいずれも射撃が可能です。それぞれの座席におおむね同じ機能をもった照準具と射撃装置を装備しています。通常は砲手が射撃をしますが、車長が脅威度がより高い目標を発見した場合などには、車長の射撃操作を優先することができます。直接照準眼鏡による射撃は砲手の位置でしかできません。

また、走行間射撃では射撃時の自己位置がとても重要です。発射ボタンを押すのと砲口から弾丸が発射されるのはわずかながら、タイミングに差が生じます。きわめて小さい時間差ですが、命中精度には大きく影響します。つまり、自車の動きをＦＣＳで予測し弾丸が発射される自己位置を基準として、砲に射角と方位角を与えるわけです。自己位置はジャイロと加速度センサーにより補正します。

90式でほぼ完成された射撃統制装置としてのＦＣＳは、10式ではさらに能力を向上させ、とくに走行間での移動目標射撃の命中精度が高くなりました。左右に蛇行しながらのスラローム走行間や、バックしながらの後退行進間の射撃も高い命中精度を得られるようになりました。

等速度で一方向に移動している場合には、未来位置を予測することは難しいことではありません。ところが、スラローム走行のように速度も移動方向も不規則に変化するような場合には、未来位置を正確に予測するのは非常に難しく、高度な技術が必要です。

多くの走行データを蓄積・分析し、射撃時の未来位置を計算するための複雑なアルゴリズム（問題を解くための計算手順）を作り、高度なソフトウェアで処理しなければなりません。当然、短時間でデータ処理できる高性能なハードウェアも不可欠です。

このようなＦＣＳの進化は、90式の開発経験とさらに実際の運用（実戦での運用はありませんが）を通じて得られた各種データが基になっています。これも国内開発の強みで、日本国内で運用するために必要な機能を盛り込み強化することができます。10式の射撃能力で特徴的なのがスラローム走行間射撃ですが、当然、すべての射撃要素が能力向上しています。

指揮統制能力が飛躍的に向上した10式戦車

10式のＦＣＳの特徴は、射撃統制だけでなく数両の戦車を指揮できる機能を付加したことです。90式までは無線機を使った音声による指揮統制が主体でしたが、10式では戦車どうしがコンピューター・ネットワークでつながり、デジタルデータを共有することで指揮統制能力が飛躍的に向上しました。

これらの指揮統制のための情報を表示するため、10式には車長席と砲手席に初めて液晶ディスプレイを搭載しました。このタッチパネルの液晶ディスプレイには、地形（地図）、彼我の戦車の位置、味方戦車の状況（燃料、残弾数）など、戦闘に必要な情報が表示されます。ディスプレイだけ見れば戦車のバトルゲームをしている感覚です。情報を選択して、複数の画面を表示することもできます。

10式は車体や砲塔に多くのカメラを搭載していますが、これをディスプレイに表示することで車内にいながら外の状況を確認できます。

今までは無線交信により彼我の位置を確認し、それらの情報を地図上に書き込むか、頭の中でイメージを作らなければならなかったのが、ディスプレイ上に自動的に情報が表示され、一目で確認できるわけです。敵戦闘車両については搭載された赤外線センサーで捉えられます。各車が捉えた目標は瞬時に味方戦車にネットワークで共有されます。無線による情報共有で時間がかかり、射撃機会を逃がすことや、逆に死角にいる敵から射撃されるということも、10式では局限されるわけです。

ディスプレイによる表示機能は、現物がゲームに追いついたということになりますが、技術的な面ではまったく事情が異なります。ゲームでは地形も敵も味方も仮想の状況や世界をコンピューターが作り出すわけですが、本物の戦車のディスプレイは現実を表示させなければなりません。

地形データだけでも植生、標高、建造物などが現実と一致していなければ、戦車が動くことさえできません。さらに、味方の位置をリアルタイムで表示し、敵を捜索して追尾しなければなりません。ゲームでは直線で飛ぶ弾丸も、現実の弾丸は複雑な弾道を描くため射撃諸元の計算も簡単でないことは前述したとおりです。

友軍相撃がなくなった10式戦車のネットワーク

敵味方の正確な位置がリアルタイムで地図上に表示されるというのは戦闘上、ひじょうに有利ですが、少し違った観点からもいろいろな利点があります。戦場は混乱と錯誤の連続です。しばしば同一の目標に複数の戦車が射撃する「オーバーキル」や「友軍相撃《ゆうぐんそうげき》」と呼ばれる同士討ちが起こります。実際に大規模な戦車戦が行なわれた湾岸戦争でも多くの友軍相撃が起こっています。オーバーキルは戦闘の効率性の問題がありますが、直接、戦闘の敗因となることは多くはありません。ところが友軍相撃は単に味方の戦力へ損失を与えるということだけではなく、同じ部隊で汗水垂らして訓練してきた家族のような仲間を撃ってしまったという精神的な打撃が深刻です。これは友軍相撃してしまった戦車の乗員だけではなく部隊全体に広がり、大きな士気の低下につながります。10式戦車のネットワークは、このような失敗をほぼ完全になくすことができます。

敵の発見に関しては完全というわけにはいきませんが、味方戦車の位置についてはネットワーク機能でつねに情報共有できます。また、味方表示がない場合は何かのトラブルが予想されるため、戦車の運用や射撃要領を変えることができます。何事も100パーセントはあり得ませんが、10式のネットワークが機能している限り友軍相撃は起こりえないでしょう。

オーバーキルについても、有効に機能します。複数の目標がある場合は、指揮官が最も効率的かつ効果的な戦闘ができるように、味方戦車に目標を配分します（自動でも可能です）。オーバーキルの防止にも機能しますが、逆に脅威度が高い目標を複数車で射撃して完全に破壊することも可能です。

次期戦車に改善を期待

10式戦車は軽量化、性能向上、調達価格低減のそれぞれ相反する要素を追求したため、兵器としての問題点も多々ありますが、日本国内で運用することを前提とすれば、その性能はナンバーワンであることは間違いありません。指揮・統制機能も世界でトップクラスの性能を有しています。

ここで、高性能なＦＣＳを持つ10式になってもいまだ改善されない問題も紹介しておきます。多くのセンサーと液晶のディスプレイを装備し、ネットワークでつながる最新鋭の戦車ですが、ＦＣＳで制御されるのは主砲である１２０ミリ戦車砲だけです。戦車には戦車砲以外に12・7ミリ重機関銃と7・62ミリ同軸機銃（戦車砲の基部に砲身と同じ向きに並んで搭載されていることから「同軸」と呼びます）が搭載されています。

同軸機銃は近距離の対人目標用で、しかも戦車砲と射線が同一で主砲のコントロールに同調していっしょに動くので問題ありません。問題なのは砲塔上に搭載されている12・7ミリ重機関銃です。これは車長がハッチから身体を出さなければ射撃できません。すべて手動です。ＦＣＳで制御できません。小銃弾と同等の7・62ミリ同軸機銃と違い、12・7ミリ重機関銃はかなり威力があり、徹甲弾を使えば軽装甲は貫通できます。攻撃ヘリコプターなどへの対空用としても有効です。

せっかく装備されている比較的な大きな火力が効果的に使えないのは、兵器としては大きな問題です。今の技術であれば、砲塔内からＦＣＳで制御するのは簡単なことですが、やはりネックとなっているのは経費の問題でしょう。数千万円の投資で性能は大きく向上します。次期戦車での改善を期待したいところです。

榴弾砲、迫撃砲の照準

火器の「照準」というと、拳銃や小銃の射撃のように見える目標を狙う直接照準をイメージしますが、榴弾砲のように遠距離にある見えない目標を狙う場合も照準という用語を使います。直接照準と間接照準の違いは前述（98ページ参照）しましたが、さらに詳述します。

直接照準は目標を照準具で直接捉えて狙います。つまり火器の位置から目標が直線で見えるということで、日本の地形であれば2〜3キロメートルくらいまでが射距離となります。地球は丸いため、まったく障害物がない場合でも、高さ2メートルから直接見える距離は約5キロメートルです。日本の地形は起伏が多いため、4〜5キロメートルを直接照準で狙う場合は高台から撃ち下ろすようなかたちになります。

間接照準は、榴弾砲や迫撃砲のように長距離の射撃（砲迫射撃）で、目標を直接視界などに捉えて狙うことなく、火砲と目標の位置（座標、標高）から射撃諸元を計算して火砲に射角と方位角を付与します。射距離としては5キロメートル以上が基準です。直接照準火器と違い、射距離の調整は射角と発射薬量（装薬量）により行ないます。直接照準の場合は火器と目標が地図上でどこに位置するのかわからなくても射撃できますが、間接照準の場合は地図上（または地図データ）での位置情報は必須です。

誘導弾の場合は、直接照準、間接照準という区分はしません。あえて区分するとすれば、対空、対

間接照準射撃と直接照準射撃

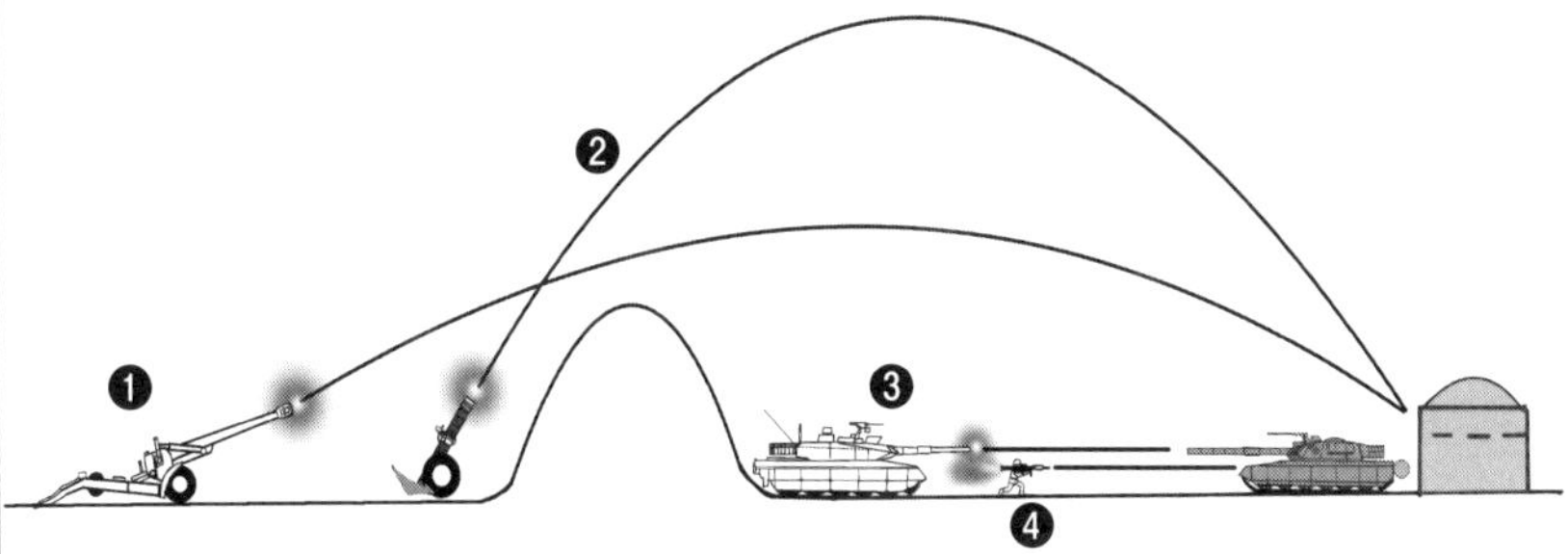

榴弾砲❶は目標から離れ、山などの地形で遮蔽されて視認できない目標に間接照準射撃するため、遠距離から遮蔽物を越えてカーブを描く弾道で発射する。榴弾砲よりも射程の短い迫撃砲❷は同様の目標に対し、さらに近距離から45度以上の角度で発射する。戦車砲❸は視認できる敵戦車など装甲車両などの目標に対して直接照準射撃するため、高初速の低伸弾道で発射する。射程距離が数百メートルから千メートル前後の無反動砲や携帯対戦車ロケット弾❹は目視による直接照準による低伸弾道で発射する。

戦車、対艦などいかなる場合も、何らかの手段で目標を直接捉えるので直接照準になります。

間接照準のプロセス

間接照準射撃では、射角と方位角を付与するには砲と目標の正確な位置がわからなければなりません。間接照準火器の射撃は、まずこの位置の測定から始まります。

必要不可欠となる情報が、砲と目標の位置、標高、そして正確な方位です。これらの測定には地図と測量が必要となります。自己位置は三角測量で測定できます。方位はコンパスを使い、標高も自己位置が確定すれば三角測量により求められます。目標については現地で測量できませんから、地図上のデータを読み取ります。

また、長距離射撃では気象、とくに風向・風速は弾道に影響するため、計測を行ないます。装薬温度も初速に影響し射距離が変わりますから、計測の必要があります。

以前は、これらの測定、計測をすべて人が行なっていました。精度の高い砲迫射撃には事前の準備がたいへんだったわけです。当然、時間もかかります。現在ではGPSやジャイロ、加速度計といった各種センサーとデジタルマップ、コンピューターを用いて、短時間で正確な測定、計測ができます。

次に、これらの各種データに基づき、砲に付与する射角、方位角、装薬量（射撃諸元）を求めなければなりません。方位角は、砲の位置と目標の位置から地図上で求められます。あとは気象の影響などを考慮して微修正します。射角は、弾道を求める計算式がありますから、この公式にデータを入れると一応の射撃諸元が求められます。しかし、真空での弾道と違い、空気抵抗を考慮する必要のある実際の弾道は、ひじょうに複雑な計算式を使わなければなりません。

そこで考え出されたのが「射表《しゃひょう》」です。弾道計算を基にして、あとは実際に射撃してデータをとって表（弾道計算の結果と射撃結果の誤差を修正）にしたのが射表です。弾道計算ができなくても、実際に射撃してデータを蓄積すれば射表だけでも射撃できます。現在はコンピューターの能力が高いため、複雑な計算式でも短時間で結果が求められますが、射表は作成しています。

120ミリ迫撃砲RTと照準コリメータⅡ型。火砲（榴弾砲や迫撃砲）の間接照準用の光学式コリメータは、内部の光源から発する光による指標（レクティル）を表示する装置で砲側に設置して、火砲側に取り付けたパノラマ眼鏡の照準点に使用する。

砲の種類によって弾丸の初速やスピン量は変わり、弾道に影響を与えます。弾丸形状によって空気抵抗が変わり、装薬の特性によって初速も変化します。これらの要因が弾道計算式に影響を与えます。現代でも新型の火砲や弾薬を開発した場合は、実際に射撃してデータを収集し射表を作成します。射表を基準として、弾道計算式に基づきコンピューターで正確な弾道を計算し、砲と目標位置に応じた正確な射角が求められます。

砲に射角と方位角を付与するには照準具を使います。射角を付与するには象限儀《しょうげんぎ》、方位角を付与するには間接照準眼鏡（パノラマ眼鏡）を使用します。間接照準に照準眼鏡を使用するというのは意外かもしれません。当然、眼鏡で目標を狙うわけではありません。眼鏡近傍の基準となる目標を狙います。

パノラマ眼鏡は潜望鏡とほぼ同じ構造をしています。目標を捉える対物レンズが360度回転し全周が見えます。「パノラマ」の名称の由来です。パノラマ眼鏡で基準となる目標を狙いますが、火砲が射撃の反動で動いても正しい方向が確認できるように2点を結ぶ目標を狙います。以前は標悍《ひょうかん》（測量で使用する赤白のポール）を2本立てて目標としていました。現在では「コリメータ」と呼ばれる1点だけ狙えばよい器材を使います。原理はドットサイトの照準と同じです。

火砲に方位角を付与するときには、眼鏡を反対方向に回転させて方位角を付与し、その後、砲を旋回させて眼鏡を目標の基準点に合わせます。パノラマ眼鏡とコリメータの二つがあれば砲の基準となる方向が変わりません。火砲本体で方位角が付与できる構造にすると、火砲が動くたびに基準方向が変わります。たしかに現在のセンサーとコンピューター技術を応用すれば、砲本体だけで正確な方位角を付与することは可能ですが、費用対効果を考えれば利点は多くありません。

射角に関しては象限儀、機械式・電気式高低照準具を使いますが、象限儀は、水準器と分度器を二分の一（90度）にしたものの組み合わせが基本です。精度や照準時間は変わりますが、江戸時代に使われていたものと大きな違いはありません。砲身の傾きが正確に測定できればいいわけです。射角の場合は水平という絶対値があり、水平を確認する方法は水準器も簡単な構造なため、古くから確立されており、現在でも技術的に大きな進歩はありません。

第6章 対戦車誘導弾のメカニズム

対戦車誘導弾の国産化

誘導弾（ミサイル）にも各種ありますが、陸自が装備しているものは対戦車、対空、対艦の3種類です。対戦車誘導弾については、79式対舟艇対戦車誘導弾からは、名称のとおり対舟艇能力も付与され、最近では各種目標に対応できることから「多目的」誘導弾と呼称されますが、主体は対戦車用であることに変わりません。

歴史的には誘導弾の国産化は対戦車用から始まりましたので、本章でも対戦車誘導弾から説明を始めます。国産初の64式対戦車誘導弾は、61式戦車の制式化から3年後、64式小銃と同時期に完成していますから、意外と早い時期に開発されたことになります。

64式対戦車誘導弾は日本最初の国産ミサイルである。箱型の発射機は小型トラック（ジープ）に2基搭載のほか、地上に設置しても発射できる。

東西冷戦の当時は、ソ連の強大な戦車戦力に対抗しなければならないという時代背景がありましたから、開発が優先されたのだと考えられます。誘導弾となると技術的にも難しい分野ですから、現在であれば輸入したほうが効率的だと安易な考えに陥るところですが、敗戦で断絶した兵器技術の再興と自国を守る装備品は国産でとの熱意と気概にあふれていた時代だったのでしょう。

64式対戦車誘導弾は、通称「64MAT（マット）」と呼ばれていました。本来は、対戦車ミサイルの略号は「ATM（Anti-Tank Missile）」が正しいのですが、政策的な事情（ATMは「アトム」、原子爆弾を連想させるのでという理由）によりMATと呼ばれるようになったようです。以来、陸自では対戦車誘導弾を「マッ

ト」と呼称します。79式、87式、01式は、それぞれ重MAT、中MAT、軽MATと呼称されています

この64MATは有線による手動誘導です。誘導方式による発達の過程では第一世代とされています。眼鏡を覗きながら、目標に対し、ミサイルをジョイスティックで誘導します。発射すると重力で落下するので、45度程度の射角をとってやや上方に向け発射します。上方から少しずつ高度を下げながら目標にミサイルを誘導していきます。

空気中を飛翔していますから、ジョイスティックの動きにミサイルの動きがすぐに反応しません。このタイムラグを予測しながら、早めにゆっくりと操作しなければなりません。この操作が速すぎると、ミサイルが目標に到達する前に落下してしまいます。動いている目標には、さらにその動きを予測して少し先に誘導する必要があります。命中するかどうかは射手の腕次第です。

有線誘導は、現代の技術水準で考えると旧式の感がありますが、当時では最先端の技術が使われていました。釣り糸のリールのように巻かれている有線（ワイヤー）を切れないように繰り出していくのは高い技術が必要です。誘導方式は当然アナログで、上下、左右のコントロールはワイヤーを介して電圧、電流の変化でミサイルの翼を動かして行ないます。

ところで、誘導弾などの推進薬を燃やしながら飛翔する兵器には「ミサイル」と「ロケット」と二つの用語が使われますが、実は厳密な定義はありません。単純に区分すれば、外部もしくは内部の装

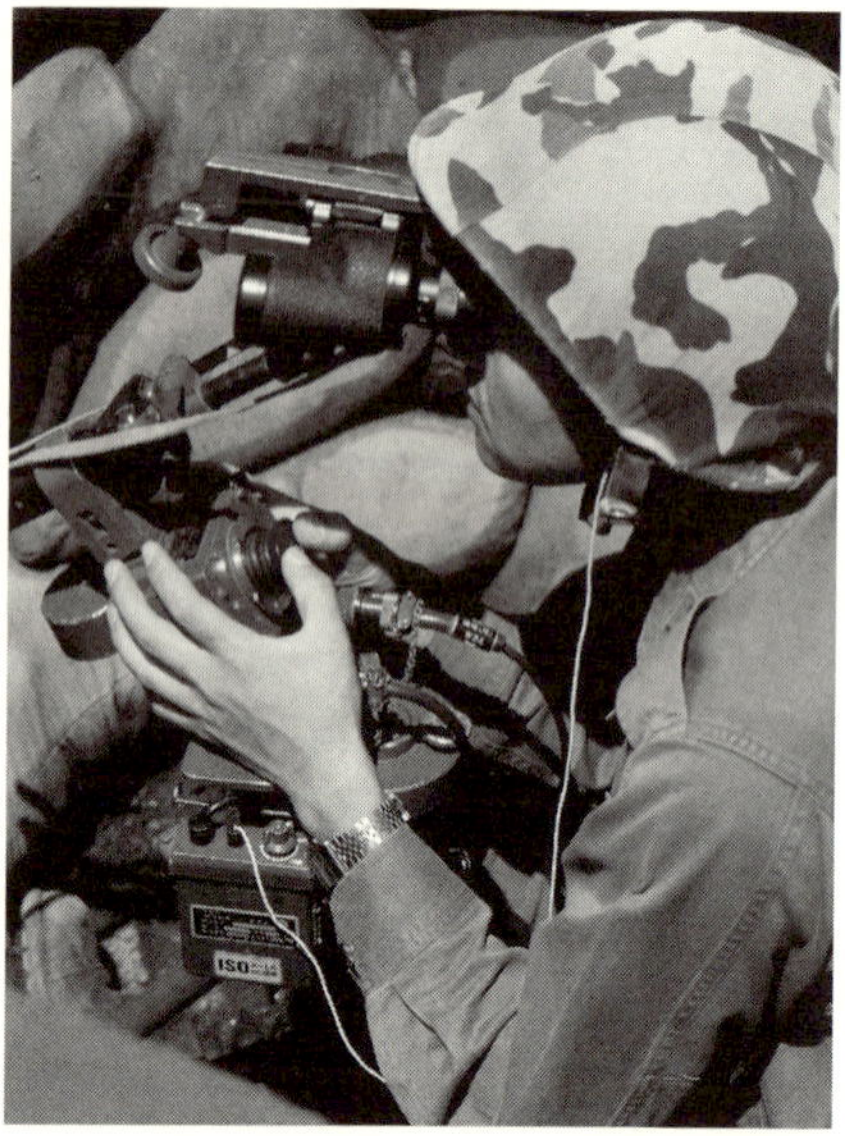
64式対戦車誘導弾の誘導装置。射手は照準機（双眼鏡）をとおして、飛翔中の誘導弾後部の発光筒が出す光を目視して、手元のサム（親指）コントロールスイッチを操作して目標に誘導する。

置による指令で飛翔がコントロールされ、目標に到達するのが「ミサイル」、指令によらず自体の推進力と慣性で飛翔するのが「ロケット」と考えてよいでしょう。

これとは別に、空気中を飛翔するための動力として、ロケットエンジンとジェットエンジンがありますが、これには明確な違いがあります。ロケットエンジンは、空気を使わずに燃焼するものを燃料とし、ジェットエンジンの場合は、空気を必要とする燃料を使います。

宇宙空間では空気がありませんからロケットエンジンしか使えません。エンジンの名称と本体の名称（宇宙ロケット）が同じです。空気中しか飛べないのは、ジェットエンジン（昔はレシプロエンジン）を使う航空機です。空気中でもロケットエンジンは使えますが、非効率かつ不便なため、ほとんど軍事用にしか使われません（ミサイルに使われているものは「ロケットモーター」と呼ばれます）。一方、軍事的に使用する場合は、誘導するものを「ミサイル」、無誘導のものを「ロケット」と呼ぶのが一般的です。ただし、長距離用は無誘導でも「ミサイル」と呼ばれます（北朝鮮が発射を繰り返したミサイルは無誘導です）。この場合、宇宙ロケットと区別して、軍事用という意味合いが強いと思われます。

陸自で使われているものは、ほぼ100パーセント、ミサイルといえば誘導、ロケットいえば無誘導です（ロケットでも最終弾道を誘導するものもあります）。しかも、ミサイルのほとんどがロケットエンジンで、ジェットエンジンは地対艦誘導弾のみです。

対戦車誘導弾の誘導方式の変遷

対戦車誘導弾は、その誘導方式によって世代区分され、構造・機能も世代で大きく異なります。第一世代の64MATは手動誘導で、双眼鏡を覗きながらジョイスティックでミサイルをコントロールするため、照準装置はありません。64MATの次の世代が79式対舟艇対戦車誘導弾「重MAT」です。半自動・有線誘導の第二世代です。照準装置で狙った目標にミサイルが誘導されます。弾種は対戦車用のほか、対舟艇用の2種類があります。

重MATが開発された当時は冷戦期で、ソ連軍の着上陸侵攻に対処するための訓練が危機感を持って行なわれていた時代です。海から上陸してくる舟艇を撃破する能力も付与されたわけです。

対戦車用ミサイルの弾頭は、弾薬の項で解説したHEATで、基本的な構造は砲弾と同じです。信管も目標の装甲に接触することで作動します。一方、対舟艇用ミサイルの弾頭は榴弾で、破片効果で目標にダメージを与えます。上陸用舟艇を目標としているため、弾頭は大型化し、ミサイルの重量も30キログラム以上です。信管は舟艇の磁気を感知して作動します。この一発で舟艇を撃沈することは困難ですが、戦闘不能の状態になれば目的は達成できます。

重MATでは、発射されたミサイルが後方から赤外線を発して飛翔します。照準器がこの赤外線を捉えて、狙っている目標との誤差を修正値として有線でミサイルに伝達し、目標に向かって飛翔します。64MATは目標とミサイルの位置の誤差を手動で修正しましたが、重MATは計算機（初期のコンピューター）が修正するわけです。したがって、ミサイルを操縦する必要がなくなり、命中精度は格段に向上しました。ただし、ミサイルが目標に命中するまで照準し続けなければなりません。第二世代までは、照準器から発射機に信号を送り、発射機から有線を介してミサイルをコントロールしています。「半自動」というのは、ミサイルが発射後、自動的に目標に向かって飛んでいく「撃ち放し」ではないことを意味します。

半自動である重MATの最大のネックは、64MATと同様にミサイルが目標に命中するまで射手が照準を外せないことです。重MATは64MATの約2倍の飛翔速度、約200メートル／秒と高速化

79式対舟艇対戦車誘導弾（重MAT）。1979年に制式化、国産第２世代の対戦車ミサイルである。システムは2基の発射機と照準装置、送信機などで構成される。

されていますが、２キロメートル先の目標であれば到達まで10秒かかります。ミサイルの発射時には音と煙が出ますから、この10秒間は敵に発見され狙われるのに十分すぎる時間です。そこで、これらの欠点を改善したのが、次世代の87式対戦車誘導弾「中ＭＡＴ」です。

「中ＭＡＴ」から誘導信号を伝える有線がなくなりました。第一世代の重ＭＡＴのように、発射機側からミサイルに信号を送ることなく、照準装置から目標にレーザーを照射し、目標から反射されたレーザーをミサイルが感知して自動的に誘導されます。「セミアクティブ・レーザー・ホーミング方式」と呼ばれる第二・五世代です。

87式対戦車誘導弾（中MAT）は、その誘導方式の進化から第2.5世代に位置づけられる国産の対戦車ミサイル。64式MAT、重MATに比べて大幅な小型軽量化、システムは発射機とレーザー照準機のほか、暗視装置が加わり夜間戦闘も可能になったのが大きな特徴である。（写真：陸上自衛隊HP）

重ＭＡＴと中ＭＡＴでは照準装置の役割はまったく異なります。ただし、発射後も目標にレーザーを照射し続けなければならないので、完全な「撃ち放し」ではありません。命中まで目標を照準するという点では重ＭＡＴと変わりません。それで第二・五世代です。

有線（ワイヤー）がなくなったのは、飛翔速度を上げられる（高速になるとワイヤーが切れてしまいます）、ワイヤーの長さに射程が拘束されないなどの性能上のメリットもありますが、日頃の訓練の現場で大きなメリットがあります。射撃訓練終了後、ワイヤーを回収する手間がなくなりました。

演習場の一角に設けられている狭い射場

で、何度も射撃するとワイヤーだらけになってしまい、ひじょうに危険です。自衛隊の訓練には安全管理上、さまざまな規則や決まりが設けられており、現場では表に出ない苦労がいろいろあります。

重MATは発射機と照準器が有線でつながっているため、両者の離隔距離が限定されました。また、発射後に照準器内にミサイルを捉え続けなければならないため、機能的にも離隔距離には限界があります。

中MATは発射機と照準器を自由に離隔できます。照準器を敵から発見されにくい、発射機から離れた場所に配置してレーザーを照射し、射手はミサイルを発射したあとにすぐに退避すれば敵の反撃に遭うことはありません。戦闘時の安全性が格段に上がったわけです。また、対戦車用に限定したため、重さもミサイルと発射機で約12キログラムと軽量になり個人携行が可能で運用しやすくなりました（重MATはミサイル本体の重さが33キログラム、発射機と照準器などシステム全体で百数十キログラムあるため、運搬は車両積載、射撃時は地上に設置します）。

01式軽対戦車誘導弾「軽MAT」三つの機能

対戦車誘導弾（ATM）も第三世代になると、ミサイルが目標の赤外線や可視画像を捉えて自動的に誘導されますから、ミサイルを発射した後は、照準手が目標を捉えておく必要はありません。これを「撃ち放し」といいます。

国産初の第三世代ATMが01式軽対戦車誘導弾「軽MAT」です。個人携行できる世界でも数少ないATMです。ただし、個人携行できるといっても重さ17・5キログラムですから、これを抱えて訓練するのはたいへんです。

中MATは、射撃時に照準器で戦車や装甲車などの目標を赤外線照射して、発射機でミサイルを

01式軽対戦車誘導弾（軽MAT）は、従来の対戦車ミサイルと異なり、小型軽量の携帯式とすることを目的に開発された。いわゆる「撃ち放し」機能のほか、発射時の後方爆風が抑えられ、建物内や掩体内、軽装甲機動車の車上からの射撃が可能なことなど、近距離対戦車ミサイルに必要な多くの機能を有している。

撃つという2段階のプロセスが必要でした。軽MATは、目標を照準、同時に発射できるため短時間で射撃可能です。目標が発する赤外線を捉える画像誘導により、射手による発射後のコントロールは不要です。つまり、敵から撃たれる前に撃つことができるようになったわけです（これを瞬間交戦性の向上といいます）。ただし、システムの起動にやや時間がかかるため、砲弾を装填して発射するだけの無反動砲ほどの瞬間交戦性はありません。

また、軽MATは第三世代の特徴である「撃ち放し」性能だけでなく、中MATに比べて大幅に性能が向上しており、いくつかの優れた特徴があります。ここでは三つの特徴的な機能を紹介します。

一つ目は、2種類の飛翔方式を選択できることです。ATMは通常、重力による落下を考慮し発射機からやや上方に撃ち出して、目標に向かってまっすぐ飛翔し目標の正面や側面に当たります。軽MATでは、この「低伸弾道モード」に加え、目標手前で上昇してから、目標の上面に当たる「ダイブモード」を使い分けることができます。戦車や装甲車の装甲が比較的薄い上面を狙うことができます。

二つ目は、タンデム（二重）構造のHEAT弾頭を採用しています。簡単にいえば、HEATが縦に二つ並んだ構造で、2回メタルジェットが発生する仕組みになっています。このような構造を採用したのは、HEATを無効化するために作られた「爆発反応装甲（リアクティブアーマー）」に対応するためです。

84ミリ無反動砲「カールグスタフ」は、スウェーデンのFFV社が1949年に開発した携帯・肩撃ち式の無反動砲で、陸自では1979年度から輸入、1984年度調達分からライセンス生産により装備。榴弾、対戦車榴弾、発煙弾、照明弾などが用意されており、多用途性が特徴のひとつだ。

リアクティブアーマーは戦車などの装甲の上に重ねて装着され、爆発の衝撃でHEATのメタルジェットを遮断する機能を有しています。つまり、メタルジェットが本装甲には届きません。これに対応するため、最初のHEATでリアクティブアーマーを爆発させたあと、二つ目のHEATで本装甲を貫徹させせます。この機能を小さなミサイルに搭載するのは高い技術が必要です。

三つ目は、非冷却型赤外線センサーを用いていることです。今までの赤外線センサーは赤外線を感知するために、センサーそのものを冷却する必要があり、冷却に時間が必要でした。軽MATはセンサーを冷却する必要がないため、射撃までの時間が短縮されます。

さて、このような高機能な軽MATは、84ミリ無反動砲「カールグスタフ（M2）」の後継としてすべて換装される計画でした。しかしながら、時代の変化、脅威の多様化により、多弾種を射撃できる84ミリ無反動砲の有効性が見直され、軽量化され弾種も増えたB型「カールグスタフ（M3）」を引き続き取得することになりました。これにより軽MATは当初の計画よりも取得数が大幅に削減されました。

軽MATの目標は装甲目標に限定されていますが、脅威が多様化したなかで、対人用や対コンクリート用、照明、発煙など多様な弾種が使用できる火器の必要性が高まったわけです。「軽MATの性能が低いから取得を減らした」という論評もありますが、決してそうではありません。

そして、軽MATの優位点として最後に強調したいのが低コストです。コストを下げれば、何かが犠牲になります。運用上の不便さについて部隊の評価もありますが、国内専用でこの性能と、このコストを達成した日本の技術は世界に誇れるものです。

軽MATは個人携行できる誘導弾として、いろいろな技術要素が詰め込まれています。兵器としてのレベルでは高いものですが、いろいろな事情で日本国内の評価は必ずしも高くありません。開発開始時期と装備化時期の情勢の変化、陸自での運用の変化が大きかったためだと思われます。しかしながら、戦車は陸上戦力の骨幹であり、対戦車誘導弾の価値もしばらくは変わらないのが軍事の基本だと思います。

日本の匠の技が生んだ「MPMS」

対戦車誘導弾の第二・五世代の中MATと、第三世代の軽MATの間に、世界でも類を見ない誘導方式の96式多目的誘導弾システム「MPMS」が開発されました。装備化時期では、MPMSが軽MATの前ですが、対戦車誘導弾（名称は多目的誘導弾。対上陸用舟艇など各種目標にも使用できるからです）としては特殊であり、世界で唯一の光ファイバーを用いた誘導方式のため、世代も定義できませんから、本章では世代順に軽MATを先に解説しました。

MPMSは有線誘導ですが、目標を指定すると自動追随しますので、あえて世代を定義すると第二・七五世代ということになるでしょうか。中MATでようやく有線がなくなったのに、また有線の復活です。しかし、有線といっても光ファイバーですから、情報の伝達量が桁違いです。当然、光ファイバーの採用が先ではなく、求められる性能を達成するために光ファイバーを用いざるを得なかったということです。

MPMSの運用上の最大の特徴は、敵から発見されない遠距離の山陰から射撃することができることです。つまり、ミサイル発射後に敵から発見されて反撃される危険性を局限し、部隊の残存性が高まります。しかし、これを射撃する側から考えると、見えない目標を捉えて命中させなければなりま

96式多目的誘導弾システム（MPMS）は、目標からは見えない位置から発射する遠距離対戦車対舟艇用のミサイルで、1996年制式化。システムは高機動車の荷台部にミサイル6発を装填した発射機、情報処理装置、射撃指揮装置、地上誘導装置で構成されている。

せん。

中MATを長射程にして照準手がレーザー照射して、遠距離から射撃する方法もありますが、近年の戦車はレーザー照射を感知するセンサーを備えているため、照準手の位置が特定されて反撃されます。ミサイルの射程が長くなるほどレーザーを照射する時間が長くなり、敵に反撃する機会を与えてしまいます。

遠距離、隠れた位置から射撃という性能を満たすために考えられたのが、ミサイルが目を持ち、目標の映像を地上装置で捉えてミサイルを誘導することです。MPMSは、最初に榴弾砲の射撃のように目標方向に無誘導でミサイルを発射しますが、ミサイルは目標手前で目を開き目標を捉えます（通常、この時点では多数の目標を捉えます）。ミサイルが捉えた多数の目標の赤外線画像は光ファイバーを経由して地上装置に送られ、操作手が一つの目標を指定すると、ミサイルはこれに向って誘導されます。

ミサイルが捉えた赤外線画像データをリアルタイムで地上装置に送り、さらに地上装置からの指令をリアルタイムでミサイルに送るのは、通常の金属製有線の通信容量では限界があります。また、有線はミサイルか発射装置に収容するため細いことが必須条件ですから、伝送データ容量は限定されます。無線誘導にして電波を用いると山の陰からは射撃できません（最新のデジタル伝送技術を使えば細い金属製有線で可能となるかもしれません）。

そこで、選ばれたのが光ファイバーです。現在では、データ伝送の主役を担っている光ファイバーですが、ＭＰＭＳ開発時の１９９０年代には、ようやく実用化し始めた頃です。これを誘導弾に応用するという着想は各国にもあり、光ファイバーを用いる誘導弾の開発も行なわれていましたが、実現したのは日本だけです。しかしながら、この実用化にはひじょうに苦労した経緯があります。さて、何が開発の障害だったのでしょうか。

ミサイルは光ファイバーを引きながら飛翔しますが、光ファイバーの収容（リールに巻かれている）部からうまく引き出されないと切れてしまいます。重ＭＡＴまで使われていた銅線と異なり、光ファイバーは強度が低いガラスや樹脂などの材質が用いられており、切れないよう抵抗なく引き出される技術が必要です。

意外なことですが、各国とも光ファイバーをスムーズに引き出す機構が作れずに開発を断念しました。これを達成したのは日本の高い技術、匠の技でした。このように、現在でも他国が追いつけない技術を日本はたくさん保有しています。いま生み出される製品の多くには、デジタル化、AI、ロボットなどの最先端技術のほかに、必ず機械的な機構やアナログ技術が含まれます。最新技術を追いかけるだけでなく、日本がもつ匠の技を再認識することが、技術立国日本の世界的地位を取り戻す重要な鍵となるのではないでしょうか。

陸自最新の対戦車誘導弾「中多」

陸自の最新の対戦車誘導弾が中距離多目的誘導弾です。略して「中多」、あるいは「MMPM」と呼ばれていますが、「中多」と呼ばれることが多いと思います。

中多は陸自の対戦車用（上陸用舟艇や建造物内の目標にも使用するため多目的という名称を使っています）ミサイルとしては、初めてレーダーを搭載しました。当然と言えば当然ですが、レーダーで目標を捜索・照準できるということです。これまでのATMは人が目標を捜索していましたから、画期的なことです。レーダーに加え赤外線画像による捜索・照準も可能です。

ミサイルは第三世代の「撃ち放し」で、目標の赤外線を捉えて誘導されます。同時に、第二・五世代の中MATのように照準器からのレーザー照射による反射波で誘導することもできます。レーダーで捉えられない見通し外の射撃も可能ということです。当然、この場合は照準手が目標の見える場所でレーザー照射をしなければなりません。

また、レーダーによる追随・照準と合わせて、ミサイル発射後の空中ロックオンが可能であり、多目標に対し連続して射撃ができます。前述した軽MATの場合は、照準したときにロックオンすることが必要です。つまり、照準の段階でロックオンできなければミサイルは発射できません。同じ第三世代でも、中多ではこの点が改良され進化しています。

すべてのシステムが高機動車1両に搭載されており、車載のままで射撃が可能なうえ、発射機には6発のミサイルを格納しており、ほぼ同時に6つの目標に対処できます。目標発見、直ちに射撃という瞬間交戦性にも優れています。MPMSも車載のまま射撃可能ですが、システム全体が車両6両に積載されているため、システム構成に時間がかかります。射距離も運用も異なるので単純に比較できませんが、中多はひじょうに取り扱いやすいシステムです。

また、車載のままの射撃以外にもシステムを地上に設置して運用できるため、各種戦闘に対応できます。捜索・照準も2タイプ、ミサイルの誘導も2タイプ、射撃形態も車載と地上設置の2タイプということで、従来の誘導弾と比べ、運用の幅が格段に広がりました。

最初に開発された64MATも車載、地上設置のどちらでも発射できましたが、重MAT、中MAT

中距離多目的誘導弾（MMPM）は、重MAT、中MATの後継として対戦車、対舟艇用にとどまらず人員、構造物を目標にした多様な戦闘に対応できる多目的ミサイルで、2009年度から部隊配備。システムは高機動車にミサイル6発を装填した発射機、射撃指揮装置を一体化して搭載している。

は地上設置です。戦い方や運用が変化することにより、装備品の形態が変化していくということです。

最新鋭の中多や、次章で解説する対空誘導弾では、人が行なってきたことのほとんどを機械が処理します。目標をレーダーで捉え追尾し、コンピューターが射撃のための諸元を計算します。最新鋭のシステムであれば、ミサイルの最適な発射時機をコンピューターが計算し、自動で発射します。発射されたミサイルは、誘導方式によって若干違いはありますが、目標を追尾し、その未来位置とミサイルの自己位置の差をなくすようにコンピューターが計算して誘導されます。あとは目標を破壊するための最適なタイミングで信管が作動します。

工学・技術分野の話題が専門的で難しくなるのは、機械やコンピューターがどのように作動し、データを処理するかの部分です。兵器の解説が専門的で難しい場合は、システムの基本に戻ることにより、重要な部分だけ抜き出して読み取ることで理解が容易になります。

ところで、陸自の誘導弾では中多から「○○式」という制式化年度を示す名称がなくなりましたが、これは防衛省内の装備品開発の手続きの変更によるものです。○○式と付くのは通常、「装備品の制式に関する訓令」に基づいて開発されたものです。現在では「装備品の制式に関する訓令」が廃止（2007年9月）されたため、制式年度の冠称は必要ありませんが、16式機動戦闘車のように、慣例的に○○式と付けている装備品もあります。

コラム⑤ 陸上自衛隊の職種と兵站、後方支援機能

さまざまな兵器や装備品を運用する戦う組織としての陸上自衛隊の全体像を概観します。陸海空自衛隊では組織作りの考え方が違います。当然、戦いの場となる環境の違いが大きいわけですが、保有している兵器の特性も大きく関係しています。海洋（海上自衛隊）であれば、艦艇というひとつの兵器の中にすべ

ての機能が集約されており、空中（航空自衛隊）であれば、航空機ばかりでなく、基地を含めた組織自体が大きなシステムとして機能する仕組みです。したがって艦艇や航空機は戦闘効率はきわめて高いものの、使用目的は限定されています。これに比べて陸上自衛隊の行動の場は、複雑に入り組んだ地形と人工物があり、そして何よりも1億2千万以上の国民が暮らす国土です。陸自は組織力を最大限に発揮できる集団であるとともに、いろいろな状況に対応できる融通性が大切で、そのためさまざまな機能を有する部隊によって構成されています。

陸自の部隊は、大きく三つの機能に区分されます。戦闘部隊、戦闘支援部隊、後方支援部隊です。そして、それぞれの機能ごとに職種（旧軍や外国軍でいう兵科）があります。部隊と職種はおおむね機能で一致しています。つまり、戦闘部隊を構成する要員はほとんど戦闘職種です。普通科（歩兵）連隊であれば普通科職種の要員で、通信大隊であれば通信科職種の要員で構成されます。

戦闘部隊とは、普通科、機甲科（戦車、偵察）、野戦特科（砲兵）、高射特科（対空）の部隊で火力をもって敵と戦闘する部隊です。バトルシミュレーション系のゲームの世界では、登場するのはほとんどが戦闘部隊ですが、現実の戦闘集団は戦闘部隊だけでは戦うことはできません。これを支援する部隊が必要です。戦闘支援部隊と後方支援部隊です。

戦闘支援と後方支援の違いは、少しわかりにくいかもしれません。自衛官でも明解に説明できない場合もありますから、職種・機能で区分するのが最もわかりやすいと思います。

夜間の野整備作業。74式戦車のエンジンをレッカーで吊り下げ交換している。後方支援連隊の整備大隊や直接支援隊は、このような作戦中の各部隊の車両や武器などの回収と整備・修理を担当する。

行動の場としては戦闘部隊とほぼ同じ地域で、戦闘に直接関わる支援をするのが、施設科（工兵）、通信科、情報科、化学科、航空科の部隊です。戦闘部隊の後方に位置して、整備・補給、輸送、衛生、会計、警務、音楽などの業務を行なうのが後方支援部隊です。後方支援と兵站が同意義に使われることもありますが、陸自では兵站とは、主として整備・補給、回収、輸送の機能を指します。

そして、この兵站機能を受け持っているのが、武器科、需品科、輸送科の職種の部隊が主体となります。自衛官でも補給機能は需品科職種で、整備機能は武器科職種と誤解していることもありますが、施設科、通信科、情報科、化学科、衛生科、航空科の部隊にも整備・補給機能がありますす。ただし、部隊として兵站機能を受け持つのは後方支援連隊や後方支援隊で、整備大隊や直接支援大隊、補給隊、輸送隊、衛生隊などから構成されています。

整備・補給、回収、輸送の機能の中でも、その業務が多岐にわたり複雑なのが補給です。整備についても多種多様な機材を扱う点では同じですが、整備の要領や手続きに関しては、ほとんどの機材が同じです。補給については、取り扱う物品によって特性が異なるため、それぞれに要領や手続きが異なります。また、部隊の任務や行動によっても補給が優先される物品は異なります。ふつう、補給すべき物品として、まず考えられるのは水、食料、燃料です。

水や食料は生命維持に直結しますから、あらゆる任務、行動において優先される補給物品です。また、部隊が活動するためには、車両や各種の機材が必要なため、これらを動かすための燃料は必須の補給物品となります。さらに車両や機材が故障した場合には修理のための部品が必要です。燃料は重要な補給物品として、すぐに思い浮かびますが、修理、交換用部品も不可欠な補給物品です。そして作戦・戦闘行動で一気に重要度が上がるのが弾薬です。戦場においては弾薬がなければ命を守れませんし、任務も達成できません。

第7章　地対空／地対艦誘導弾のメカニズム

多層で構成される地対空ミサイルシステム

対戦車誘導弾は世代別に古い順に解説してきましたが、本章の地対空誘導弾ではシステム構成ごとに説明します。これはシステムが複雑であることと世代区分が明確ではないためです。

対戦車誘導弾の場合は地上目標のため、射距離も限定されますが、対空誘導弾の場合、目標は低高度から高高度までさまざまです。低高度目標を迎撃するための誘導弾は当然、高高度は対応できませんが、高高度目標を迎撃するための誘導弾も低高度は対応できません。

したがって、防空システムを構成する場合は、低高度から高高度までの多層で、複数のシステムを重複して運用します。単一器材ですべてに対応できるわけではありません。また、高高度用のシステ

03式中距離地対空誘導弾は改良ホークの後継システムとして、2003年に制式化。システムは対空戦闘指揮装置、幹線無線伝送装置、幹線無線中継装置、射撃統制装置、捜索射撃用レーダー装置、発射装置、運搬装填装置からなり、これらは車載自走化されている。2017年度からは巡航ミサイル（低空目標）や空対地ミサイル（高速目標）への対処能力などを向上させた改良型の調達が始まっている。

ムは死角も多くなります。この死角を埋めるために低高度用のシステムも必要となります。

以上のような地対空誘導弾の特性はシステムの技術にも影響を与えています。地対空誘導弾に限らず、運用の特性を踏まえると兵器に応用されている技術も理解しやすくなりますが、システムが複雑になるほど、その効果は大きくなります。対戦車誘導弾との特性や運用の違いを頭の片隅に置きながら読んでいただくと理解が進むと思います。

地対空誘導弾

対戦車誘導弾がATM、MATと呼

対空火器の守備範囲と運用

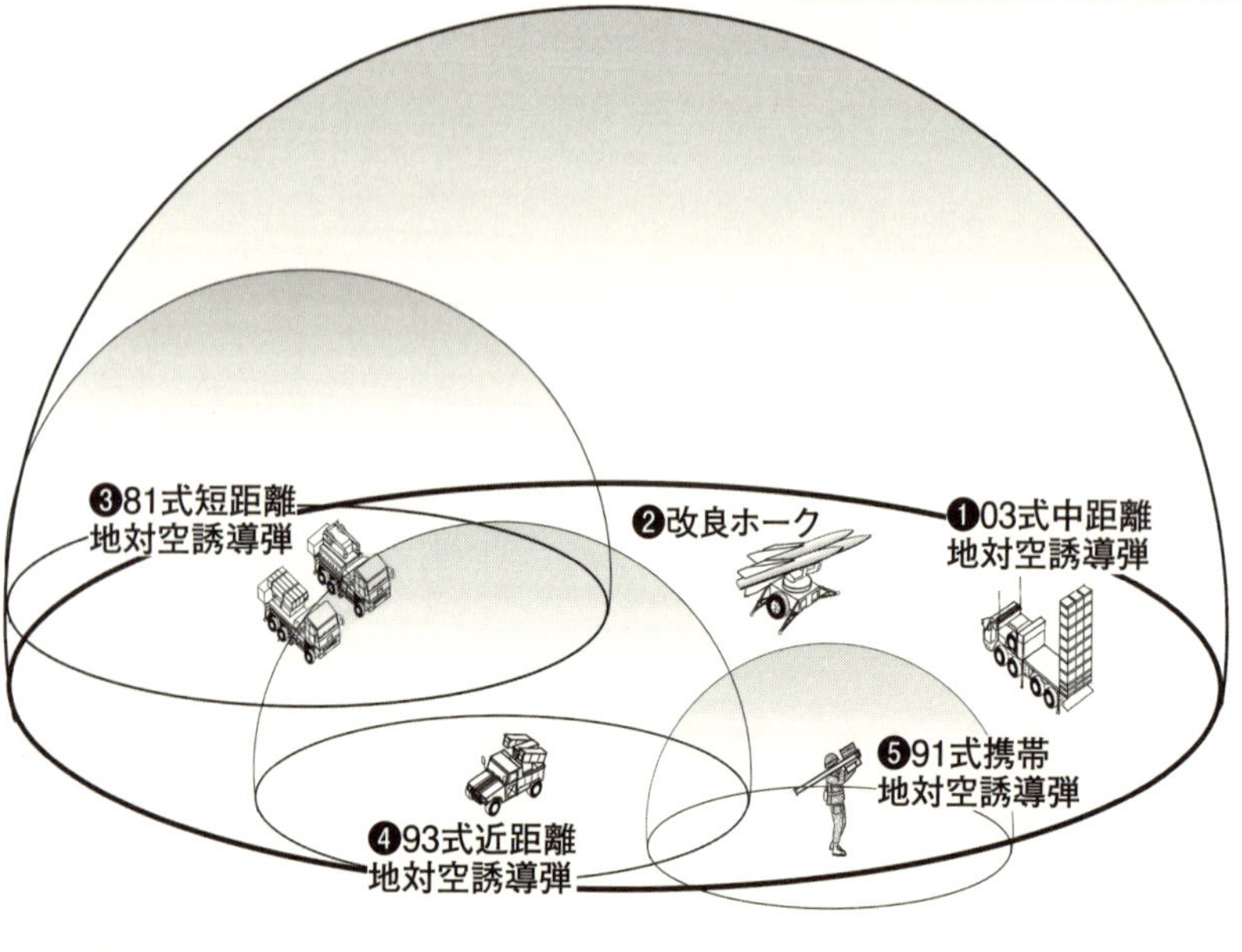

陸自には対空戦闘を担任する高射特科部隊があり、味方の地上戦闘部隊が自由に行動できるように、作戦地域上空で敵航空機などを撃墜したり、また政経中枢や重要地域の防空任務が与えられている。防空任務を運用面から捉えれば、対空戦闘は目標までの距離（高度）によって運用する火器と部隊が区分される。一般的には高空域での防空は航空自衛隊の地対空ミサイル「ペトリオット」が対処し、陸自の高射特科部隊は中低空域が守備範囲となる。中空域を❶03式中距離地対空誘導弾（中SAM）と❷改良ホーク、低空域を❸81式短距離地対空誘導弾（短SAM）が対処し、これらの火力網を突破した敵機から最後の第一線を守るのが❹93式近距離地対空誘導弾（近SAM）や87式自走高射機関砲である。このほかにも❺91式携帯地対空誘導弾（PSAM）があるが、これは部隊の自衛用で高射特科部隊は装備していない。

93式近距離地対空誘導弾。高機動車に4連装の発射機を搭載している。ミサイルは91式携帯地対空誘導弾と同じで、第一線の地上部隊の直上の近距離対空戦闘用で目視による射撃が主となるため、固有のレーダーは搭載していない。（写真：陸上自衛隊HP）

称されているように、地対空誘導弾はSAM（Surface to Air Missile：サム）と呼称されます。現在、陸自が装備しているものでは、「改良ホーク」のほか、03式中距離地対空誘導弾が「中SAM」、81式、11式短距離地対空誘導弾が「81短SAM」、「11短SAM」、93式近距離地対空誘導弾が「近SAM」、91式携帯地対空誘導弾が「PSAM」です（PSAMのPはPortable）。

中SAM、短SAM、近SAM、PSAMの順に射程が短くなります。大は小を兼ねて、中SAMがあればほかは必要ないだろうというのは誤った考えです。それぞれのミサイルには特性があり、1種類ですべてをカバーできません。たとえば、長い射程のミサイルは近い距離は有効射程外です。死角も多くなります。遠距離射撃が用途の榴弾砲で100メートル先が撃てないのと同じです。

これに対しては、遠距離ですべて撃墜すれば近距離用は必要ないだろうという反論があるかもしれませんが、ミサイルの命中率は100パーセントではなく、撃ち漏らしが当然あります。目標が多数の場合は対処できない場合もあります。また、長距離用ミサイルは低高度に死角が多くなります。防空システムを多層に配置するのは世界的にも軍事の常識です。

これら4種類のSAMはすべて国産ですが、陸自が最初に装備したSAMは、アメリカ製の「ホーク（Hawk）」です。1963年から配備が開始されていますから、60年近く運用されているわけです。ただし、外観はほとんど同じでも逐次改良されているため、初期の基本型と現用の改善Ⅲ型では中身はまったくの別ものです。

ホークの後継として開発されたのが中SAMですが、調達価格が高く、換装が進まずホークを使い続けているというのが実情です。開発国のアメリカではすでに退役していますが、世界的に見ると10か国以上が装備し現役で使用しています。

SAMは高価な兵器であり、各国とも最新のSAMを装備するための予算がないのは、日本と事情は同じです。ただし、SAMを国内開発できるのは日本のほか数か国だけです。中距離型から携帯式まで国産しているのはさらにわずかな国です。多くの国では最新のSAMを装備しようとすれば輸入するしかありません。

近年、輸入装備品の増加に伴い国産装備品の取得数量が激減し、こんご防衛産業から撤退する企業が増えてくることが予想されます。装備品を開発し生産できる技術力は、国の防衛力の一部です。せっかく、戦後の数十年をかけて培った重要な防衛力が少しずつ失われようとしている現実に危機感を

地対空誘導弾ホーク（HAWK:Homing All the Way Killer）は、中空域の航空機を目標とするセミアクティブ・レーダー・ホーミングのミサイルで、陸自では1963年に基本型を導入、1977年以降は改良ホーク（初期型）、改善Ⅰ型、Ⅱ型、Ⅲ型へと更新換装されてきた。システムは中隊指揮装置、捜索、誘導用など複数のレーダー、発射装置、発電機などから構成される。

覚えます。

目標発見から撃墜まで

さて、ＳＡＭのシステム構成ですが、基本的な部分は共通です。ただし、近距離用のＳＡＭになると機械式の部分を人が担当します。たとえば、ＰＳＡＭ（携帯式）であれば、兵器としてのシステムは照準機構とミサイルのみです。目標を捉え、目標を狙い、目標方向にミサイルを向けるのは人力です。ＡＴＭでいうと軽ＭＡＴにひじょうに近いシステムです。

システムの基本構成は、①目標を捉えるレーダー、②目標を追随、照準し、ミサイルを誘導する射撃統制（管制）装置、③ミサイルを搭載・発射する発射装置、④ミサイル本体です。あとは電源を供給する電源装置やミサイルを運搬、装塡する装置などがあります。さらに、これら一つひとつのＳＡＭを集中的にコントロールするための指揮統制装置などもシステム構成品とする場合もあります。

目標発見から目標の撃墜までの流れの一例を簡単に説明します。目標を発見するためのレーダーは全周を捜索するために通常回転させます。このときにレーダーが捉える目標はすべての航空機です。ここで射撃統制装置が敵味方を識別し、敵機を追随します。敵機の危険性（脅威度）を機械が判定するシステムもあります。敵機の危険性や地対空ミサイル部隊の配置などを総合的に判断して目標を指定します。目標を指定するとレーダーはその方向に固定されます。射撃命令により発射ボタンを押すと、指定された目標に向かってミサイルが発射されます。なお、目標の指定は、指揮系統を通じて行なわれる場合もありますし、システムが自動的に判断する場合もあります。

ミサイルは、地上の射撃装置からの指令により、または自ら目標を捉えて誘導されます。ミサイルが目標を捉える方法も、①目標が発する赤外線を捉える、②地上装置から目標に電波を発してその反射波を捉える、③ミサイル自らが目標に電波を発してその反射を捉える、という3種類が主要なものです。

ミサイルが目標に接近すると信管が目標との近接を感知して作動します。対空ミサイルの場合は、直撃ではなく弾頭の破裂による破片効果で目標を撃墜するのが一般的です。

レーダーの原理

電波によって目標を捉えるレーダーは、地対空誘導弾以外でも使用されていますが、障害物のない空間で最も効果を発揮し、また、レーダーがなければ航空機などの高速の目標を捕捉・追随することはできません。個人携帯用誘導弾など至近距離の対空兵器以外は、ほとんどレーダーを搭載しています。対空用の兵器にはなくてはならないものです。

SAMの目となるのがレーダーで、最初に目標を捉えます。レーダーが最初に開発されたのは、第2次世界大戦直前、ドイツ、イギリス、アメリカが電波により航空機や船舶を探知する技術を実用化し、大戦中、防空警戒システムや艦艇の警戒・索敵用の兵器として運用されました。現在では航空機の運航・管制用、船舶用、気象用をはじめ、さらに自家用車両にも搭載されるようになっており、さまざまな目的で使われています。インターネットやGPS、ロケットも最初は軍事目的で開発されたもので、今や文明社会を支える、なくてはならないツールとなっています。

兵器は戦争に使われ、世界中で多くの人命を奪ってきましたが、兵器開発のための軍事技術が近代文明発展の基礎となっているのは、また、一方で疑いのない事実です。皮肉なことですが、理想だけでは語れない現実があることも、しっかりと認識しなければなりません。

今や広く利用されているレーダーですが、その原理は意外と知られていません。基本はとてもシンプルなものですから、まずは原理から説明します。

レーダーは電波を発射し、その反射を測定することで、対象物までの距離や方位を測る装置です。ここで使われる電波は光のように直進性の高いもの（G《ギガ》ヘルツと呼ばれる周波数の高い電波）で、レーダーアンテナ（衛星放送を受信するパラボラアンテナが代表的なものです）から電波が発射されます。発射された電波は目標に当たって反射し、同じアンテナで、この反射波を捉えます。

最も基本的なパルスレーダーの場合、電波は一定間隔（きわめて短時間）で発射されます。電波の塊がボールのように次々に飛んでいくとイメージしてください。この電波の塊が航空機などの目標に当たると次々と反射し、反射した電波の塊が次々とレーダーアンテナに戻り、これを受信します。

電波の速度は光と同じで高速ですが、発射してから受信するまでのひじょうに短い時間を測る技術は、今や日常生活でも使用されている身近なものです。電波の速度に時間をかければ距離が出ます。電波を発射した方向と角度、目標までの距離を測ることで、目標の位置と高度が特定できます。

レーダーアンテナから電波を発射しながら、360度全周に回転させることによりレーダーを中心とした、目標の位置がわかります。これを表示したのがいわゆるレーダースコープと呼ばれるものです。目標の移動も時間経過にともなって確認できます。このタイプがレーダーの主流として、さまざまな分野で使用されています。

ここで軍事用のレーダーで問題になるのが、目標の位置を確認できても敵か味方か判定できないことです。そこで敵味方識別装置（IFFと呼称されます）が登場します。地上装置から対象航空機に対し敵味方を識別するための信号を送り応答を求めます。航空機にも同様の装置が搭載され、地上装置の信号を受け取り味方である信号を送ります。信号は秘匿化されていますから味方にしか読み取れません。これで敵か味方かを判断し、スコープに表示します。当然ながら、この信号はひじょうに秘密レベルの高いものです。

レーダーの性能は電波の種類に影響されます。電波は文字が示すとおり電磁波の一種で電気エネルギーの波ですが、波と波の間隔（長さ）を「波長」、1秒間の波の数を「周波数」といいます。電波の速さは一定ですから、波長が長いと周波数は低く、波長が短いと周波数は高くなります。電波の周波数が高くなると光の性質に近くなります。

つまり、周波数が高い電波では雲や雨が障害になり目標を捉えにくい代わりに、目標の大きさやある程度の形状などがわかります。周波数が低い電波は雲に隠れた目標を捉えることができますが、目標の大きさなどはわかりません。軍事用のレーダーであれば、広域で目標を捜索するときは周波数の低い電波を使い、敵味方の識別をしたあと、目標を追跡する場合や、ミサイルを発射してレーダーで目標に誘導するような場合は周波数の高い電波を使います。

フェイズドアレイ・レーダーの仕組み

レーダーはアンテナの仕組みや、使用周波数、受信した電波の信号の処理方法などにより区分されます。使用周波数によりSバンド（2～4GHz）レーダー、Xバンド（8～12GHz）レーダーなどに区分され、電波の信号処理の方法で、前述したパルス・レーダーや後述するドップラー・レーダーなどに区分されます。アンテナの仕組みにより、パラボラアンテナやホーンアンテナ、アレイアンテナに区分され、最新のレーダーにはアレイアンテナを使用したフェイズドアレイ・レーダーが使用されています。軍事技術としては、やや専門的になりますが、興味深い技術が使われています。難しい原理は省略して機能を中心に説明します。

ドップラー・レーダーは「ドップラー効果」により電波の周波数が変化することを利用したレーダ

ーです。ドップラー効果とは、移動している対象が発する電波や音波の周波数が変化するという現象で、わかりやすいのはサイレンを鳴らして走る救急車が、近づいてくるときはサイレンの間隔が短くなり、遠ざかるときはサイレンの間隔が長くなるという現象です。

これをレーダーに応用すると、移動している航空機からの反射波は周波数が変化するため、移動速度も含めて位置が特定できます。雲の動きも捉えられるため気象観測用として使われるほか、自動車の衝突防止装置用としても使われています。

軍事用としては、低空で侵入する戦闘機を捕捉するのに、パルス・レーダーと組み合わせて使用されます。パルス・レーダーで低空目標を捉えようとすると地表面からの反射波と重なり目標を識別できません。ドップラー・レーダーは移動している航空機だけを識別できるため、低空目標にも対応できます。

そして現在、軍事用として多用されているのが「フェイズドアレイ・レーダー」です。この代表的なものが、イージス艦に搭載されている「ＳＰＹレーダー」です。イージス艦には艦橋の周囲に縦長の八角形の大きなパネル状のものがありますが、これがフェイズドアレイ・レーダーのアンテナです。イージス艦の場合、これが艦橋に四つ付いていますが、全周回転するパラボラアンテナによる目標捜索に比べて、全周捜索はできないように思われますが、フェイズドアレイ・レーダーは、この固定されたアンテナからさまざまな方向に電波を発射できるため、このレーダーで全周３６０度の高空

海上自衛隊の護衛艦「こんごう」に搭載されているイージス・システムの対空用フェイズドアレイ・レーダー（SPY-1）。艦橋壁面の八角形パネル状のアンテナの大きさは縦約3.7mある。最新型の艦艇の対空レーダーは、従来のアンテナ本体が回転するものに代わって、固定式アンテナが多く採用されつつある。（写真：海上自衛隊HP）

域から低空域までの捜索ができます。この八角形のパネルには、たくさんの小さなアンテナが並んでいます。この小さなアンテナから発射される小さな電波の特性を少しずつ変えることで、小さな電波が合体した大きな電波をいろいろな方向に発射できる仕組みになっています。

パラボラアンテナを使ったレーダーでは、一度に二つの目標情報（距離と方角、もしくは距離と高度）しか特定できません。したがって、三つの目標情報（距離、方角、高度）を併せて取得するには複数のレーダーを使用します。

また、目標を追跡してミサイルを誘導するには、三つの目標情報を正確に測定しなければならないため、パラボラアンテナを上下左右に細かく機械的に動かす必要があります。フェイズドアレイ・レーダーが登場する前の初期のSAM用のレーダーでは目標追跡専用のレーダーが使われていました。

フェイズドアレイ・レーダーは、アンテナを機械的に動かす必要がないため、故障しにくく、また電気的信号で電波方向をコントロールするため、正確な目標情報が得られます。国産初の地対空誘導弾、81式短SAMでもフェイズドアレイ・レーダーを使用しています。

短SAMや中SAMのように車載で使用するフェイズドアレイ・レーダーは、重量やコストの理由でイージス艦のように4面にアンテナを取り付けることができないため、1面のアンテナを使用しています。全周捜索時はパラボラアンテナのように回転させ、目標を捕捉・追跡、射撃するときには固定して使うのが一般的です。

射撃統制（管制）装置

レーダーで目標を捉えたあと、目標を捕捉・追跡、敵味方を識別し、目標の未来位置予測、最適な発射時機を決定してミサイルを発射、誘導するのが射撃統制（管制）装置です。地対空誘導弾システムの頭脳にあたる部分です。

最も単純なシステムである携帯SAMには射撃統制装置がありません。目標の捕捉からミサイルの発射までの一連のプロセスは、すべてを人（射手）が行ないます。システムが大きくなると、携帯S

AMで人が行なうことを射撃統制装置が代わりに行ないます。

複数の地対空誘導弾システムや戦闘機をコントロールする対空戦闘指揮統制装置、あるいは自動防空管制システムと呼ばれるものは、この射撃統制装置には含みません。ミサイルの発射誘導に直接関わるのが射撃統制装置です。

射撃統制装置で処理された信号はスコープに表示されます。開発当初のシステムでは、レーダーや射撃統制装置の能力も低かったため目標位置と敵味方識別の表示だけでしたが、今では移動方向、速度、脅威度なども同時に表示されます。このうちミサイルで迎撃する目標を指定すると、目標に対していつでもミサイルが発射できるよう、信号が処理されます。最新の射撃統制装置では、脅威度に応じて自動的に目標を選定し、システムが自動的にミサイルを発射して目標を迎撃します。

ミサイルの誘導方式の種類により、射撃統制装置がミサイルをどこまで誘導するかが決まります。ミサイルが自ら目標を捉えて誘導する方式では、射撃統制装置は目標の未来位置を予測して、その方向にミサイルを発射するだけです。ミサイルを目標まで地上装置が誘導する方式では、射撃統制装置がミサイルを発射したあと、目標の位置と飛翔中のミサイルの位置を追跡しながらミサイルを目標に誘導します。両者の中間の方式として、途中まで地上装置でミサイルを誘導し、最後はミサイルが目標を捉えて誘導するものもあります。

また、目標にされた航空機も迎撃されないよう、航空機から電波を発射して自分の位置を特定されないような電子的な妨害を行ないます。レーダーから発射される電波と同じ電波を広範囲に発射すると、スコープ全体が光ってしまい目標を捉えられません。射撃統制装置がレーダーからの電波の発射と信号の処理を工夫して、これらの妨害にも対応できることも、今ではひじょうに重要な機能です。

発射機の構造と機能

81式短ＳＡＭ、その後継の11式短ＳＡＭは、レーダーと射撃統制装置が一体となって大型トラック1両に搭載され、別の大型トラックに搭載された発射機をコントロールします。1基の発射機にはミサイル4発が搭載され、射撃統制装置は発射機2基（大型トラック2両）をコントロールできます。発電機もそれぞれ同じ大型トラックに搭載されているため、システム全体が大型トラック3両で構成されており軽快な運用が可能です。このタイプが地対空誘導弾としては最も基本的なシステムとなります。

03式中ＳＡＭの最小単位のシステムでは、レーダーと射撃統制装置は切り離され、それぞれ別の車両に搭載されています。基本的な機能は短ＳＡＭと同じです。中ＳＡＭでは、さらにこれらの最小のシステムを統制する対空戦闘指揮装置があり、広範囲の対空戦闘を集中的にコントロールできます。

短ＳＡＭでは、二つの発射機のミサイルしかコントロールできず、三つ以上の発射機のミサイル発射をコントロールするには、別のシステムにつなげる必要があります。中ＳＡＭの場合は、対空戦闘指揮装置につながっている複数のシステムをコントロールできるため、すべてのミサイルをほぼ同時

81式短距離地対空誘導弾は国産初の対空ミサイルで、初期型は1981年に制式化され、射程の延伸、撃墜率、全天候性の向上などの改良を加えたC型が1995年に制式化された。C型には光波弾と電波弾があり、誘導方式はそれぞれ複合的な方式が採用されている。

に、特定の空域に発射することも可能です。

発射装置は文字どおり射撃統制装置からの指令に基づきミサイルを発射する装置です。ホークの発射装置は車載されておらず牽引式です。ホークは、レーダーなどほかの多くのシステムが牽引式のため、移動、展開してシステムを構築するのに長時間を要します。現代のほとんどのSAMは車載式で、短時間でシステム構築ができるため、移動後すぐにミサイルが発射できる状態になります。

ミサイルの搭載についても、81式短SAMでは発射装置に直接搭載する方式でした。ミサイルは保管され、運搬時にはコンテナに格納されます。発射機に装填するときは、コンテナから自動で装填します。左右1発ずつ同時に2発の搭載が可能で、4発搭載するには

11式短距離地対空誘導弾は、81式短SAMの後継として2011年制式化。高性能な情報処理装置などの採用による能力向上が図られ、超高速あるいは小型の空対地ミサイルや巡航ミサイルへの対処も可能になっている。陸自ではシステムを大型トラックに搭載して運用、航空自衛隊では高機動車に搭載した「基地防空用地対空誘導弾」として運用している。

同じ操作を2回します。

11式短SAM、03式中SAMではキャニスターと呼ばれる四角の筒の中に格納されており、キャニスターを発射機へ搭載します。コンテナからミサイルを取り出す必要もなく、ミサイルと発射機の接続も簡単なため、発射機への搭載も短時間でできます。

発射機の構造・機能は81式短SAMから11式短SAMと新しくなって、自動装填装置がなくなり簡単になっています。キャニスター方式では保管や取り扱いが容易なため、最近のミサイルはほとんどがキャニスターに格納されています。ホークや81式短SAM、対戦車誘導弾では64式MATは、発射機にセットされたミサイル本体が見えるため、見た目は強そうで、記念行事での装備品展示も人気がありました。

SAMの誘導方式

最も単純な地対空誘導弾である携帯SAMは、システム構成品に占めるミサイルの割合が80〜90パーセントです。極論すると、誘導弾の場合は固定さえできればミサイルだけでも発射できます。ミサイルの中にほとんどの機能が詰め込まれています。弾薬との大きな違いがここにあります。当然、価格も高くなります。

地対空誘導弾（SAM）の特性も対戦車誘導弾（ATM）と同様、誘導方式に大きな特徴があります。ATMでは手動誘導から始まり、「撃ち放し」まで方式により世代区分されましたが、SAMには厳密な世代区分はありません。国産初の81式短SAMは、発射後にミサイルが航空機の赤外線を捉えて自ら誘導する「撃ち放し」です。また、初期のSAMでも手動誘導のものはありません（射距離と目標のスピードから、能力的に手動誘導は無理です）。

初期のSAMといえば、日本でも現役のホークです。現在のホークは改良型ですが、誘導方式はセミアクティブレーダー方式で初期型と変わりありません。ATMの初期型は手動ですが、SAMは初期型から電波誘導という高度な技術が使われていました。

SAMの誘導方式にはアクティブ、セミアクティブ、パッシブの3種類があります。アクティブは

地対空誘導弾ホークは基地での固定的な運用のほか、写真のように野戦での機動的な運用も可能だが、システムの装置のほとんどが牽引式のため、移動・展開には時間と手間がかかる。03式中SAMではシステムが自走化され、迅速な展開、省力化を実現している。

ミサイル自体が電波を発射して目標からの反射波に誘導されます。セミアクティブは地上装置から電波を発射します。パッシブは目標が発する電波や赤外線をミサイルが捉えて誘導されます。

さらに誘導に用いる媒体により、光《こう》波《は》誘導と電波誘導に分かれます。SAMの誘導方式はこれらの組み合わせで分類されます。光波誘導は、ミサイルが目標の赤外線もしくは可視光画像を捉えて目標に誘導されるパッシブ誘導方式のみです。ATMのように目標に赤外線を発射して、目標から反射された赤外線をミサイルが感知して誘導するような方式はありません。

電波誘導には、地上装置から目標に向けて放射された電波の反射波に誘導されるセミアクティブ誘導方式、ミサイルから目標に向けて放射された電波の反射波に誘導されるアクティブ誘導方式、目標の航空機などから出される電波を捉えて誘導されるパッシブ誘導方式があります。中間段階の誘導では、地上装置からの信号で直接誘導弾を誘導するセミアクティブ方式もあります。

88式短SAMは初期型と改良型があり、初期型は赤外線パッシブホーミング、改良型は赤外線、可視画像パッシブホーミング、アクティブ電波ホーミングの2弾種です。ミサイル以外も改良されていますが、外観はほとんど同じで、自衛官でも高射特科職種や武器科職種で直接扱っている者以外は区別できる者は少ないでしょう。11式短SAM、03式中はアクティブ電波ホーミングの1弾種です。

91式携帯地対空誘導弾（PSAM）は赤外線、可視画像パッシブホーミングです。世界的にも有名な携帯SAM「スティンガー」も赤外線ホーミングのパッシブ誘導で、携帯式はほとんどが光波誘導です。

電波誘導の場合、セミアクティブ誘導の地上から信号を送る方式であれば大型のレーダーと地上装置が必要になります。アクティブ誘導のミサイルから電波を発射する方式ではミサイルが大型になります。個人が携帯できる重量に収まりません。

陸自も当初、携帯SAMはスティンガーを装備していましたが、現在は国産のPSAMです。スティンガーと同様に光波、パッシブ誘導ですが、赤外線と可視光を併用しており、赤外線の放出が低い目標や航空機正面に対する射撃が可能となるとともに、敵航空機が行なうSAMへの妨害などへの対

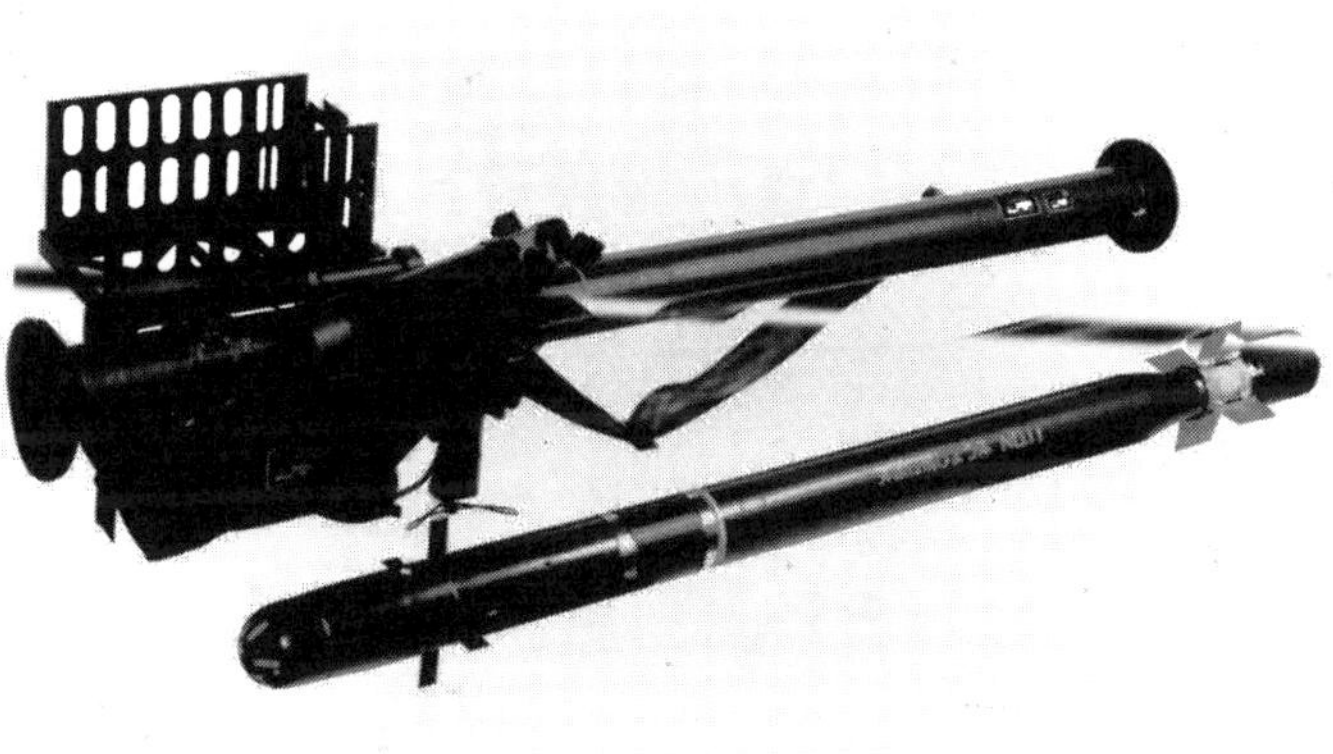

アメリカ製の「スティンガー」の後継として国産開発された91式携帯地対空誘導弾。画像・赤外線パッシブ・ホーミング方式を採用、正面攻撃性、瞬間交戦性、対妨害性が向上している。

抗手段に対しても強くなっています。

携帯SAMの外観で特徴的なものがあります。金属製の板が組み合わさった箱のようなものが付いています。折りたたみ式になっており、射撃時に起立させます。たたんだ状態ではわかりませんが、すべての携帯SAMに同様の形状のものが付いています。

これは、敵味方識別装置用のアンテナです。対象航空機が敵か味方かを目視で識別するのはきわめて困難です。誤って味方機を撃墜する危険性があります。目標を撃墜する目的だけであれば必要ありませんが、友軍相撃を防止するためには必要不可欠な装置です。

ミサイルの飛翔速度と旋回性能

ミサイルの性能を大きく左右するのは、目標を捉えて、追跡する装置であることは間違いありませんが、飛翔速度と旋回性能も性能を大きく左右します。目標が同じ速度で同じ方向に飛行しているのであれば、飛翔速度や旋回性能はそれほど問題となりません。現在のコンピューター技術をもってすれば、目標の未来位置とミサイルの飛翔経路を正確に計算し、風や空気密度による誤差をミサイルの誘導装置が修正しながら、100パーセント近い確率で命中することができます。

しかし、実際の航空機などの目標は、飛行速度も変化し、飛行経路も変わります。ミサイルに狙われているとわかれば回避行動もとります。目標の飛行経路が変化したら、ミサイルの速度が目標よりも遅い場合、追跡できません。目標が回避行動で旋回した場合、ミサイルの旋回能力が目標の旋回能力を超えていなければ、目標においていかれます。

映画などでは、戦闘機がミサイルを回避したあともミサイルが180度旋回して追尾してくる場面がありますが、実際にはあり得ません。地対空ミサイルは通常、推進力にロケットモーターを用いるため、長時間は飛翔できませんし、速度が速いため短時間で方向を反対に変えるのはほとんど不可能です。地対空ミサイルが当たるか当たらないかは1発勝負です。

地上から打ち上げるミサイルは、当初、重力に逆らって速度を上げなければいけないため、大きな推進力が必要となります。とくに低空域用のSAMは、十分な加速時間が得られないため、ロケットモーターの点火前にブースターと呼ばれる発射薬でミサイルを撃ち出す方式もとられます。

携帯SAMの場合は、加えて発射時からロケットモーターが点火すると、射手にブラスト（噴射炎）がかかるため、ブラストの影響のない距離まで飛翔させてからロケットモーターに点火する必要があります。

中SAMなどの最近のミサイルでは、垂直にミサイルを打ち上げ、目標の上空から重力を利用しながら高速で目標に接近する方式もあります。上から目標に接近すれば、かなりの高速化が可能で命中精度も上がります。また、ミサイルを垂直発射する利点は、発射してから全周すべての方向にミサイルを誘導でき、同時多目標対処が可能となります。

ミサイルの旋回性能を左右するのは翼です。翼の形状、大きさ、数、位置、制御などで性能が変わります。とくにわかりやすいのが形状です。初期型のSAMであるホークの翼はミサイルト方の噴射口側に4枚付いていますが、これが中SAMになると噴射口側に4枚、弾頭側に4枚の8枚の翼により制御しています。翼の大きさも小さく、反応が速く細かな制御も可能です。

翼の形状で飛行の安定性、旋回性が大きく変化するため、非常に高い技術が必要とされます。航空機の性能も、エンジンと同等以上に翼の性能により左右されます。北朝鮮の軍事パレードのニュース映像で見られるようにミサイルの翼が斜め（本体に対して垂直ではない）に付いていたら、まともに飛行できません。ダミーのミサイルだということがすぐにわかります。

ミサイルの旋回性能に関しては、航空機のように人間が関与しないため、ミサイルが機械的に耐えられる最大加速度まで高めることができます。航空機で加速度をかけ過ぎると「ブラックアウト」といってパイロットの視界が真っ暗になり、操縦不能の状態に陥ります。したがって、飛行性能については、圧倒的にミサイルが有利であり、航空機の回避行動だけでSAMを回避するのは困難です。航空機がSAMに対処するには、レーダーに捉えられないステルス性能とミサイルの追随を妨害する手段が決め手となります。

ただし、ミサイルの高速性能と旋回性能も目標に近接しなければ能力は発揮できません。レーダーで目標を捉えたあと、目標近傍までにいかに早くミサイルを誘導するかが命中精度を高める大きな要素となります。

中SAMのような垂直発射式の場合は、地上装置からの指令で目標近傍まで誘導しますが、短SAMの場合は、射撃統制装置が計算して目標の未来位置に発射します。携帯SAMでは、人間が未来位置に発射しなければなりませんから、射手には高い能力が求められます。携帯SAMの命中精度に射手の高い練度が必要であることは、意外と知られていない事実です。

遠距離から艦船を攻撃する地対艦誘導弾

島国の日本にとって、地対艦誘導弾はひじょうに有用な兵器です。他国が日本に侵攻するには海を渡らなければなりません。着上陸するためには船か航空機が必要ですが、大兵力を輸送できるのは船です。つまり、日本への侵攻は必ず船が必要であり、この艦船を撃破するのが地対艦誘導弾です。

88式地対艦誘導弾（SSM）の発射。地対艦誘導弾は着上陸侵攻対処において内陸部から海上に向け発射、遠距離から敵艦船を撃破する日本独自の運用構想から開発された。

地対艦誘導弾はＳＳＭ（Surface-to-Surface〔Ship〕Missile）と呼称されます。陸自が装備する88式地対艦誘導弾は88式ＳＳＭ、12式地対艦誘導弾は12式ＳＳＭです。

ＳＳＭのシステム構成は基本的にＳＡＭと同じです。レーダーで艦艇を捉えて追随、射撃管制（統制）装置がデータを処理して、ミサイルを発射します。ミサイルはあらかじめインプットされた経路を飛翔し、目標付近でミサイルが目標を捕捉して誘導されます。88式も12式も基本的なシステム構成とミサイル誘導方式は同じです。外観上は発射機を搭載する車両が、88式は特大型トラック、12式は中ＳＡＭと同様の専用車両、ミサイルが格納されているキャニスターが88式は円筒形、12式は長方形の箱形と一目で区別できます。

12式地対艦誘導弾は、88式SSMの後継として2012年に制式化。射程の延伸や、艦船のミサイル迎撃能力の向上に対応して、目標到達までの残存性向上などが図られている。システムは発射機のほか、捜索標定レーダー、指揮統制装置、射撃統制装置などから構成されている。

ＳＳＭがＳＡＭとシステム構成で大きく異なるのは、システムの規模が大きいことです。ＳＳＭは、艦艇を目標とするためレーダーは海岸線近くに配置せざるを得ず、発射機は秘匿、残存性を図るため内陸部に配置しなければなりません。これら広範囲に分散された装置を、システムとして射撃管制装置や指揮統制装置で統合しなければならないため、データ通信用の装置が多数必要となります。

ミサイルは自ら電波を発射して、艦艇からの反射波に誘導されるアクティブ方式で中ＳＡＭや11式短ＳＡＭと同じです。ＳＳＭとＳＡＭのミサイルの大きな違いは、ＳＳＭがジェットエンジンにより飛翔することです。ほかにジェットエンジンを使うミサイルで有名なのが「トマホーク」に代表される巡航（クルージング）ミサイルです。陸自で装備するミサイルで、ジェットエンジンが用いられているのはSSMだけです。

ジェットエンジンはロケットモーターのような高速の推進力は得られない代わりに、低高度を地形の起伏に対応しながら長距離を飛翔することができます。低高度を飛翔することでレーダーに捕捉されにくくなります。

低空目標は、地上からの反射波と重なり、もともとレーダーで捉えにくい特性があります。最近は、前述したドップラー・レーダー（208ページ参照）により移動目標だけ識別する能力が高まりましたが、山や丘などの遮蔽物があれば、レーダーでは捉えられません。

また、地球が丸いことから地上が平らな状態でも、5キロメートル先しか地上にある目標は捉えることはできません。ミサイルが地上すれすれに飛翔した場合は、目標から5キロメートルまでは完全にレーダーの死角となるわけです。

SSMは、あらかじめ地形情報をミサイルにインプットして、内陸部からミサイルを発射し、山などの遮蔽物を回避しながら低空飛翔して、海上でミサイルが目標を捉えて誘導されるので、目標から遠く離れた位置から攻撃できます。したがって、残存性が格段に高くなります。さらに残存性を高めるため、坑道（トンネル）を掘りシステムを掩蔽し、敵の砲爆撃から生き残れるように、施設科（工兵）部隊の一部には、坑道を掘削する専用の機材（坑道掘削装置）を保有する部隊も編成されています。トンネルを掘るだけでは崩れるおそれがありますから、コンクリートを吹き付けたり、アーチ状の金属製補強材を用い、一般道路にあるトンネルと同等の耐久性のあるトンネルが造れます。

コラム⑥ 装備品の開発技術・生産基盤が抑止力

「防衛産業」というと、日本を代表するような大企業を連想するでしょう。たとえば戦車を製造しているのは三菱重工業ですが、戦車を構成する部品については、多くの下請け業者が製作しています。「戦車は千社」といわれており、1両の戦車に関係している業者は千社近くに及びます。

防衛装備品は高い性能が要求され、その当時の最先端技術が用いられます。そして、装備品を構成する多数の部品、一つひとつの精度が性能に影響を与えます。これは、いわゆる町工場の高い技術に支えられているのが実態です。装備品の調達数量が減れば部品の製作数も減り、町工場では赤字で部品を作らざるを得なくなります。現実にここ10年あまり、装備品の調達数量の削減で数多くの業者が製造から撤退を余儀なくされています。こんな状況を説明すると「だったら輸入すればよい」と条件反射的な意見が返ってきますが、生産国の事情によって部品供給が左右されたり、部品枯渇が起こったりする問題がつきまとい、法外な価格で買わされたりします。

装備品の維持管理は間違いなく国産品が有利です。国産品の部品価格については、国の機関の審査の対象になりますが、輸入部品の価格についてはノーチェックです。このあたりの事情は、筆者が現役の頃から問題提起がなされていましたが、行政組織は人の入れ替わりが激しいため、すぐに議論が振り出しに戻ってしまい、なかなか進展しません。

本書では、兵器は国産を追求すべきというスタンスで一貫していますが、技術力がない場合、兵器を輸入しなければ国防に致命的な影響が出る場合は、当然、輸入という手段は必要です。また現代の兵器は多額の開発費が必要となるため多国間の共同開発もひじょうに有効な手段です。

しかしながら、国内に開発できる技術力があり、さらには、すでに国産化しているのに、多少価格が高いからという理由だけで輸入すべきだとする意見がありますが、まったく意図が理解できません。国内で装備品を開発・生産できる技術、基盤があることは、それそのものが抑止力として日本の防衛に寄与していることが、なぜ理解できないのでしょうか。

兵站重視といいながら、装備品は輸入でよいとする、まったく矛盾した主張をする人までいます。兵站は中央から第一線までつながっていることが、とても重要で、中央の源となるのが生産基盤です。この生産基盤が海外にあることは、兵站の源が脆弱であるということです。

昨今、話題になる自衛官の制服も輸入品にすべきだという議論も、日本の縫製技術、生産基盤に関わる問題で、戦闘服や対特殊武器用の防護衣の品質までつながる問題です。自衛官の士気や誇りに関係するだけの問題ではないということを認識する必要があります。

第8章　装甲と防御のメカニズム

装甲の材料と強度

敵の攻撃から身を守るため兵器に施す機能と手段が防護装備です。明確な定義はありませんが、砲弾やミサイルが命中しても損害を最小限にするのが直接防護で、砲弾やミサイルに当たらないように対策を講じるのが間接防護です。

直接防護の主体は、敵の銃砲弾に対する抗堪性《こうたんせい》を確保するために施している、一般的に「装甲」と呼ばれる機能です。

現在、装甲の材料として多く使用されるのは鋼鉄です。炭素を1～2パーセント含む鉄を主体とした合金です。このほか、マンガン、ニッケル、コバルト、モリブデン、シリコン、チタンなどの元素を少量加えることで、より高強度な鋼鉄ができます。軟鉄と呼ばれる通常の鉄は炭素やほかの元素をほとんど含まない純粋な鉄です。また、通称「焼き入れ」といわれる熱処理で金属内の結晶を整えることにより強度を増します。日本刀を作るときの熱して叩いて水で冷やす工程が熱処理です。

鉄鉱石から鉄を作る工程を「製鉄」と呼びますが、製鉄でできる銑鉄《せんてつ》は炭素の含有量が多く不純物も含まれるために硬くて脆いのが特徴です。鋼鉄や軟鉄の原料となります。また、鋳物の原料としても使われます。銑鉄から炭素と不純物を取り除き（炭素を1～2パーセントに減らす）、ほかの元素を加えて鋼鉄を作る工程が「製鋼」です。

装甲の強度を高めるには、硬くて柔らかいという、矛盾する要素を両立させなければなりません。柔らかいと弾丸が貫通しやすく、硬いと弾丸が衝突した衝撃で割れてしまいます。7・62ミリクラスまでの小火器弾であれば硬いだけの材料でも装甲の役割を果たしますが、12・7ミリ以上の中口径の徹甲弾になると材料が割れて弾丸が貫通してしまいます。

硬さと柔らかさ（「粘り」といったほうが感覚的にわかりやすいでしょう）を両立させるためには、材質（鉄に加える元素の種類と量）と熱処理をはじめとする製造方法が重要です。装甲板は専門のメーカーが作りますが、製造のノウハウについては秘中の秘です。防弾鋼板を専門に製造しているメーカーもありますが、最近は高張力鋼（ハイテン）と呼ばれる強度の高い鋼鉄が民間用にも使われるようになり、一般の製鋼所でも製造しています。高張力鋼の中には、対小・中口径弾であれば防弾用に使えるものあります。

薄くて切れ味がよく、折れにくいという、相反する特性を持つ日本刀も、硬さと粘りを両立させています。日本刀の場合は、相反する特質を両立させるために鉄の種類を変えて積層構造にしています。内側の柔らかな鉄を硬い鉄で囲っています。とくに刃先には硬い鉄を使用しています。硬い鉄だけでは、衝撃で折れてしまいますが、内側の柔らかな鉄が衝撃を吸収して折れにくい構造となっています。

装甲の軽量化と高性能の両立

装甲は厚くするほど強度は増しますが、全体の重量が増加して戦闘車両では機動性に影響を及ぼします。硬さと粘りに加え、軽さも必要となるわけです。日本では、車両重量が増加すると道路や橋梁の重量制限により通過できる経路が限定されてしまいます。実際に陸自の車両の運用でも、とくに橋梁の重量制限の問題が多く、一例として90式戦車は通行にかなりの制約を受けます。また、90式はトレーラー輸送する場合も法律上の重量や大きさの制限で何か部品を外さなければなりません（砲塔を外せば輸送上の問題は解決されます）。

10式戦車は重量の問題を解決するために、車両全体を小型化するとともに、部材には強度の必要性に応じてアルミ合金などの軽量の材料を使っています。また、各種装置にさまざまな技術を用いて軽

10式戦車の構造上の大きな特徴のひとつが、新たに開発された装甲の材料、方式の採用で防護力を維持したまま軽量化を図っていることだ

量化を図っています。戦車の重量に最も影響するのが火力（戦車砲の口径）と防護力（装甲強度）ですから、火力と防護力を維持したまま軽量な戦車を作ろうとすると、全体を構成するあらゆる装置の軽量化が必要となります。

たとえば段ボールの場合は、紙と紙の間に波形の空間をもつ3重構造（空間部の三角形の連なりを「トラス構造」と呼ぶ）にすることで強度を増しています。そのほか蜂の巣の構造をヒントに考えられた「ハニカム構造」も軽量で強度が高い構造です。これらの軽量で強度を高める構造を各種装置に導入して、徹底した軽量化が図られています。

戦車の性能の優劣については簡単に比較できません。戦場の環境によって変化します。車両重量による橋梁の通過制限が多く、田畑などが多い日本国内であれば、10式は間違いなく優れた能力を発揮するでしょう。戦車本来の性能を犠牲にすることなく、軽量化を達成するために神経質なほど、あらゆる部品を軽量化しています。ここまで細かな作業ができるのは日本人だけであろうと思われます。10式の性能でここまで軽い戦車の開発、製造は日本以外の国では難しいでしょう。

戦闘車両の軽量化を図る手段として、装甲が取り外しできる構造もあります。脅威や機動する路面強度に応じて装甲を変えられれば、軽量化と装甲強度が両立できます。この方法は10式や水陸両用車（AAV7）にも採り入れられています。

軽くて強い材料のひとつにチタンがありますが、高価かつ加工しにくいために車両用として用いられることはほとんどありません。また、人員用の防弾チョッキには、カーボンファイバーを用いた強化プラスチックなどが使われていますが、やはり、チタンと同様に高価で加工がしにくいのが問題です。現状では、鉄を主体とした装甲に頼らざるを得ません。

陸自部隊のイラク派遣（2004年1月~2006年7月）の際は、装輪車にも付加装甲を取り付ける措置をしました。現在、自衛隊で使用している装輪車（各種トラック）は防弾仕様ではありません。前線から後方まで戦場となり得る現代戦の様相を考えるなら、装輪車も防弾仕様にすべきですが、大きなコストがかかります。

もともと、防弾仕様ではない車両に追加して装甲を取り付けると、運転席があるキャビンが極端に

軽装甲機動車は普通科部隊の近接戦闘における機動力、防護力の向上させるため開発された国産の小型装甲車で2002年から配備が始まった。車体本体の装甲、防弾ガラス、コンバット·タイヤなどによる防護力を備えている。

重くなり車両バランスがひじょうに悪くなります。大型トラックであれば、荷物を積むためにエンジン出力に余裕があるためバランスだけの問題ですみますが、小型トラックだとエンジン出力が足りずに、本来の走行性能を損なってしまいます。

装輪車の装甲で意外と問題になるのが、防弾ガラスが重いことです。ポリカーボネートやポリウレタンを使い積層構造にして強化するなどの改善はされていますが、ガラスそのものの材質の特性から鋼鉄に比べるとかなりの厚さが必要となり必然的に重くなります。装甲車では、ほかの車種に比べて防弾ガラスが使われる比率が小さいためあまり問題とされませんが、トラックなどの装輪車だと防弾ガラスの占める割合が大きいため影響が大きくなります。

弾種に対応した装甲の変化

装甲は同じ材料を使っても構造を変えることにより、抗堪性を強化できます。対徹甲弾であれば単純構造でもなんとか防弾効果が得られますが、対装甲用弾薬の主流が徹甲弾だったのが、HEAT、HEP、APDSFSと新しい弾種が開発されました。装甲も鋼板を使った単純な構造では、これらに対抗できなくなりました。そこで、とくに個人用対戦車火器や対戦車ミサイルに多用されている対HEAT用にさまざまな構造の装甲が開発されています。

また、徹甲弾に対しても装甲を傾斜させて対抗する方法がとられています。日本の戦車では74式の車体や砲塔の特徴的な形状がこの一例です。

装甲を傾斜させると二つの利点が得られます。ひとつは傾斜面で弾丸が滑り、はじいてしまうこと、もうひとつは傾斜した分だけ弾道上の装甲厚が実質的に厚くなることです。しかし、この二つの利点も、HEAT、HEP、APDSFSには効果がないため、これらの弾種が登場して以後、開発された戦車の主要な装甲面は、ほとんど垂直です。それらの戦車も全体で見ると装甲が傾斜している部分もありますが、別の理由（内部構造の影響や即席爆発装置＝IEDの爆風対策、異なる構造の装甲）による傾斜です。

ＨＥＡＴ、ＨＥＰに対抗するために考え出された装甲に空間装甲（通称、スペースド・アーマー）、爆発反応装甲（通称、リアクティブアーマー）、ケージ装甲（通称、スラット・アーマー）などがあります。現在、広く採用されているのはリアクティブアーマーとケージ装甲です。

スペースド・アーマーは文字どおり装甲内に空間（中空構造）を設けています。ＨＥＰはホプキンソン効果により装甲の内側が剥離して乗員に殺傷効果をもたらしますが、装甲内に空間があれば衝撃が装甲の内側に伝わらず剥離が起きません。一方、ＨＥＡＴのモンロー効果には、スタンドオフという対象物との適当な距離が必要ですが、装甲内の空間により適当な距離がとれずに十分な効果が得られません。

しかしながら、ＨＥＰが戦車砲のメイン弾種としてほとんど使用されなくなったこと、ＨＥＡＴの能力向上により装甲内の空間では、モンロー効果の減殺が図れなくなったことから、現在ではスペースド・アーマーは採用されなくなりました。スペースド・アーマーの機能に新たな機能を追加して、より安価で効果的にしたのがケージ装甲です。

ケージとは「檻《おり》」や「籠《かご》」のことです。戦車や装甲車が、まるで檻に入っているような外見をしているのがケージ装甲です。対ＨＥＡＴ用の付加（増加）装甲であり、徹甲弾に対してはまったく効果がありません。メイン装甲に外付けして、対戦車ロケット弾などのＨＥＡＴに対する防護性能を高め、メイン装甲の弱点を補います。

車体の上部全周をケージ装甲を施したアメリカ陸軍のM1126ストライカー装輪装甲車。ゲリラやテロリストが多用するRPG対戦車ロケット弾などからの防御を目的にした追加装甲で、1990年代以降、イラクやアフガニスタンなどの紛争地域に展開した部隊の車両に広く装備されるようになった。

ケージ装甲はＨＥＡＴに対して二つの機能を持ちます。ひとつは、飛んできたＨＥＡＴの弾頭（信管部）がケージの隙間に挟まって止まり、信管を作動させなくする機能です。ＨＥＡＴの飛翔速度は遅く、弾殻も強度が高くないため、ケージにもそれほどの強度が求められません。そのため簡単な構造で軽量かつ安価な装甲で十分な効果が得られます。

二つ目の機能として、信管が作動した場合はスペースド・アーマーと同様に効果的なモンロー効果が得られるスタンドオフの距離を妨害します。ケージ装甲は構造が簡単で軽量なため、比較的大きな空間が作れます。近年のＨＥＡＴは能力が向上したため、この機能は必ずしも有効とはいえませんが、ある程度の効果は期待できます。

ケージ装甲の主対象は歩兵が保有する対戦車火力です。戦車、装甲車から歩兵を捕捉・排除することは難しく、対戦車ロケット弾や対戦車ミサイルで側面や背面といった弱点を狙われます。個人携行できる対戦車（装甲車）用兵器はＨＥＡＴに限られるため、これにはケージ装甲がひじょうに有効です。

戦車や装甲車の装甲は全面均等ではありません。脅威の度合いによって、装甲の強さを変えます。戦車の全面を対ＡＰＤＳＦＳ用の装甲（ＨＥＡＴにも有効）にしたら、重くて動りなくなるでしょう。一般的には正面がいちばん強く、次に側面、背面、下面、上面の順です。下面は対戦車地雷、上面は航空機の脅威がありますが、脅威に遭遇する確率や回避できる可能性を考えて優先順位を付けざるをえません。

ＡＰＤＳＦＳが撃てるのは戦車砲に限られるため、対ＡＰＤＳＦＳ用装甲は対戦車戦を想定して考え、あとは25〜35ミリ徹甲弾が撃てる装甲戦闘車との戦闘、次に12・7ミリ徹甲弾への対応を想定すれば、対徹甲弾用の装甲の配置が決まります。さらに加えてＨＥＡＴ用のケージ装甲を周囲に施せば、かなり有効な直接防護ができます（対ＡＰＤＳＦＳ用装甲以外は、現用のＨＥＡＴには対応できません）。

防護効果の高い「爆発反応装甲」と「複合装甲」

戦車の装甲はＡＰＤＳＦＳに対する防護が求められます。そのために戦車の開発国は装甲にその持てる最先端技術を注いでいます。戦車の中でも最も秘密のレベルが高い部分です。

ケージ装甲は、簡単な構造のため軽量、安価で、効果も高いものですが、これを装着すると、全長、車幅、車高が大きくなり日本のように狭い道路が多いところでは運用しにくくなります。また、信管の作動も完全に阻止できません。そこで価格は高くなりますが、機能を重視して作られたのが爆発反応装甲（通称、リアクティブアーマー）です。

構造は板状の金属2枚に爆薬が挟まれた形状で、これを本来の装甲の上に装着する付加装甲です。機能上、弾道に対して斜めに取り付ける必要があります。この付加装甲を施した戦車は、車体前部や砲塔周囲にタイルを貼り付けたような外観になります。ケージ装甲に比べると車体の大きさにはほとんど影響を与えませんが、重量、価格面で増加します。機能的にはAPDSFSにも効果があり、装甲としての性能はひじょうに高いといえます。

HEATがリアクティブアーマーに当たるとリアクティブアーマーの爆薬が起爆し、金属板を高速で吹き飛ばして、この金属がHEATのメタルジェットを遮断します。APDSFSの場合も同様の働きをします。ただし、重く硬い金属を使ったAPDSFSを遮断するにはリアクティブアーマーにも高い威力が求められます。

リアクティブアーマーは装甲自体が爆発するため、車体にも影響を及ぼします。車体に与える影響と装甲の性能がトレードオフの関係にあります。APDSFSに対抗できるリアクティブアーマーを取り付けるには、メイン装甲の強度も高くなければならないということです。小銃弾クラスに対抗す

湾岸戦争（1990年）時、クウェートで行動中のアメリカ海兵隊のM60A1戦車。車体前部と砲塔の周囲に爆発反応装甲（リアクティブアーマー）を追加装着している。

るための軽易な装甲にリアクティブアーマーを取り付けると、車体に対する影響のほうが大きくなってしまいます。

したがって、リアクティブアーマーを装着するのはメイン装甲の強度が高い戦車にほぼ限定されます。一般の装甲車には、価格や車体への影響、重量の問題でケージ装甲が適しています。戦車に装着する場合でも、重量の影響は無視できません。日本が作る戦車の場合は軽量化が求められるため、リアクティブアーマーを装着するかどうかはひじょうに悩ましいところです。

また、リアクティブアーマーは一つひとつが、A4サイズほどの大きさですが、この大きさにも意味があります。戦車の表面形状にうまく合わせられることや、メタルジェットを遮断する爆薬量、戦車に与えるダメージなどを考慮して最適の大きさ、形状にしま

90式戦車は日本の戦車で初めて複合装甲を採用した。砲塔の形状を従来の戦車のような避弾経始のため傾斜させたり丸みを帯びたものから、垂直面で構成された形になっているのも特徴のひとつである。（写真：陸上自衛隊HP）

す。大きすぎると広範囲のリアクティブアーマーが起爆してしまい、次弾が防護できません。

そして最後に紹介する装甲は、価格と重量を考えなければ現在、最高の性能を有する「複合装甲（コンポジット・アーマー、チョバムアーマー）」です。鋼鉄とセラミック、強化プラスチック、チタン、合成ゴムなどを積層した装甲で、その詳細は戦車の装甲の中でも最高機密です。重量と価格面から戦車以外に使用されることはないといっていいでしょう（各国の秘密なので断定できません）。

複合装甲に用いられる材質の中でもセラミックが重要です。セラミックはひじょうに硬く耐熱性があります。ＡＰＤＳＦＳが命中したときに起こる塑性流動《そせいりゅうどう》（金属どうしが液状化する）も起こりません。したがって、HEATやAPDSFSに対してきわめて有効です。ただし、硬いがために割れやすいという欠点があります。小口径の徹甲弾でもセラミックは割れて、弾は貫通します。そこで鋼鉄とセラミック、その他の素材を積層にすることで、この欠点を補います。

最も単純な構造は、鋼鉄でセラミックをサンドイッチにしたものです。日本刀の組成とは反対に粘りのある素材で硬い素材を挟んでいます。これはセラミックがひじょうに硬く割れやすいため、表面の装甲が簡単に割れないようにするためです。また、素材どうしを接合するのに、樹脂性の接着剤をある程度の厚さで使用することにより、セラミックが受ける衝撃を吸収して割れにくくする効果を与えています。

実際の複合装甲は、その他の素材も含めて何層にも重ねられていますが、主役となるのは鋼鉄とセラミックです。これ以外の素材は鋼鉄とセラミックの利点を最大限活かし、欠点を最小限にするためのものであるといってもよいでしょう。まったく性質の異なる素材を何層にも重ねて、うまく貼り合わせるだけでも高い技術が必要とされます。

ここで用いるセラミックは、HEATやAPDSFAに対する効果が得られる範囲で、できる限り小さくしたものを集めて板状にします。大きなものでは、1発当たっただけで広範囲が割れてしまい、次弾に対応できません。リアクティブアーマーと同じ理屈です。この時に用いるセラミックの形状もタイル状から球状など、最も効果が得られる形状が開発されています。このあたりも秘密のレベルが高いところです。

間接防護―敵の射撃を回避するさまざまな工夫

敵の砲弾やミサイルによる攻撃を回避するための機能、手段が間接防護です。

艦艇には、電波を反射するアルミ箔片をロケットで発射し、空中に散布して敵の対艦ミサイルの電波を欺瞞《ぎまん》する「チャフ（Chaff）」のような対電子兵器、航空機には、対空ミサイル（赤外線誘導）を回避するために囮の熱源を放出する「フレア」などの防御手段がありますが、陸上兵器にはこのような手段はありません。陸上兵器は敵の射撃を回避して、逃げる、隠れるが間接防護の方法です。

自己を防護する最善な方法は被弾しないことです。そのためには、敵に発見されるよりも先に敵を発見し、撃破するか、退避します。退避で最も有効なのは敵に照準されないように地形・地物を利用して隠れるか、煙幕などで自己を敵から見えなくすることです。そのほかに敵の有効射程外に離れるか、激しい運動により、敵の射撃の命中率を低下させる手段があります。

ミサイルは有効射程外の距離になると極端に命中精度が低下します。有線誘導の対戦車ミサイルであれば有線の長さが限界です。ミサイルは誘導のために翼があり、空気抵抗を受けやすい形状をしているため、有効射程を過ぎると一気に減速します。また、ロケットエンジンで飛翔するミサイルやロケット弾は速度が遅いため、重力や風の影響を受けやすく弾道が大きく変化するので、有効射程外の命中はほとんど期待できません。

これに対して、徹甲弾は速度が速く、空気抵抗も低いため、有効射程外でも極端に命中精度が低下することはありません。有効射程は期待される命中率を基準にしており、基準を下げれば有効射程は伸びます。戦車砲の徹甲弾の有効射程は高い命中率が設定されています。ミサイルやロケット弾は、命中率が極端に変わる距離があるため有効射程は明確に定義できます。

ただし、日本国内においては地形に起伏が多く、平地には建造物があるため、2キロメートル以上の視界を得られる場所はきわめて限定されます。戦車砲の徹甲弾の有効射程は2~3キロメートルですから、日本国内においては有効射程外に退避することは、同時に敵の照準外に出てしまうことになります。

敵から射撃される危険性があるときに、高速で移動すること、可能であればスラローム走行で退避できれば、射撃の命中率を下げることができます。いずれにしても敵からの射撃に対して水平方向(左右)に移動することが重要です。

61式戦車が主力だった時代は、敵を発見し、発煙し、退避するなど、ほとんどの行動を乗員の操作で実行していましたが、戦車の射撃能力が低かったためそれほど問題とはなりませんでした。現在の戦車の高い射撃能力に対しては、人の能力だけで退避行動して敵の射撃を回避するのはきわめて困難です。射撃能力が向上した分だけ、敵の射撃を回避する能力（間接防護能力）も上げなければなりません。

敵の射撃を回避するために、最も重要なのが敵を発見し、追尾し、つねに敵の位置を把握することです。現在では赤外線センサーで熱源（車両のエンジンなど）を感知して目標を捉えることができます。加えて、10式戦車ではネットワークで情報を共有できます。

最新の装備ではミリ波レーダーが使用されています。ミリ波は周波数が高く波長が短いため、探知距離は短い反面、分解能（探知する対象物を測定または識別できる能力）が高く、対象物の形が明瞭になります。地上用の短距離レーダーとしては最適で、最近の衝突防止機能の付いた自家用車にも使用されています。

敵の位置がわかれば、敵の照準に入らないように行動することができます。ただし、戦車など装甲戦闘車両の車内からは、散開している歩兵や隠れている対戦車火器は発見しにくく、捜索から漏れた敵から突然射撃を受ける場合もあります。このような場合に活躍するのがレーザーセンサーです。2・5世代までの対戦車ミサイルや戦車の射撃では、目標に対してレーザー照射する必要があり、これを感知することで退避行動がとれます。

レーザーに照射されたら、次には弾が飛んでくると予測できます。レーザーセンサーでレーザーが照射された方向がわかれば、その方向に発煙弾を発射して敵の視界から外れ、退避する（または先制

戦車、装甲戦闘車による発煙弾発射。前方約100m、高さ数十mで炸裂、煙幕を展張して敵の視界を遮蔽する。戦車をはじめ第一線で行動する装甲戦闘車両には、3連装ないし4連装の発煙弾発射筒が搭載されている。

射撃する）ことができます。発煙弾はあまり注目される武器ではありませんが、緊急退避にはたいへん有効な弾薬です。

富士総合火力演習の戦闘展示では、最後に戦車が一斉に発煙弾を発射して煙幕を展張します。テレビニュースでもよく放映されるシーンです。発煙弾発射機は装甲戦闘車両のほとんどに装備されています。発煙に使われる薬剤も改良が加えられ、現用の発煙弾は赤外線センサーにも有効です。

敵の射撃を回避するには機動性能も重要です。とくに加速性能と旋回性能です。敵からの射撃が予測されたならば、速やかに最高速度で移動できることは射撃を回避するうえでは重要な性能です。そこで短時間で最高速度に達するための加速性能が必要となります。左右の移動は照準を難しくしますが、そのための俊敏なスラローム走行には、高い旋回能力が求められます。

敵の射撃を回避する際、前進よりも後退したほうが、敵の射線《しゃせん》から逃れられる場合も多くあります。一般車両であれば、後退は車庫入れなどの特殊な場合だけのため、高い性能は求められません。戦車の場合は後退の加速性能、最高速度が前進と同等であれば、緊急退避により被弾を避けられる可能性が高まります。10式は前進と同等の加速性能があるため、切れのよいスラローム走行と相まって効果的な回避行動が可能です。

おわりに

「火薬の発明」「鉄砲の開発」「航空機の出現」「核兵器の登場」……兵器の進化は戦い方を変え、戦場をより広くし、軍事力の定義を変えてきました。

兵器の進化とは技術の進化です。かつて陸戦兵器は、刀、槍、盾、弓、馬など、その力の根源は人や動物でした。これを「第一世代」と呼びます。

火薬の発明により鉄砲や大砲が作られ、火薬のエネルギーで弾を飛ばし、火薬のエネルギーで弾自体を破裂させることにより第一世代の兵器から飛躍的に威力が向上しました。

エンジンの発明により自動車や航空機が開発され、移動速度が向上し、戦場を立体的にしました。これらは火薬や燃料の化学エネルギーを力の根源とした兵器の「第二世代」です。

そして、アインシュタインの相対性理論から核兵器が開発され、兵器の威力を爆発的に高めまし

2017年8月、武器学校の職員と学生に見送られ退官する筆者。

た。核兵器は世界全体を破壊してしまうほどの威力を持つため、実際に使用することはできない兵器となっています。現実に戦争で使用されたのは広島と長崎での二発だけです。核エネルギーを力の根源としている核兵器は第三世代ですが、現代科学で考えられる究極の兵器であるため「第四世代」と位置づけます。

したがって、現在の兵器の主体は「第二世代」ということになります。では、第二世代と第四世代を埋める「第三世代」とは何でしょうか？

ここ数年、次世代兵器としてレーザー兵器やレールガンの実用化の話題が軍事雑誌などで賑わっています。レーザー兵器はＳＦの世界では数十年前から登場していますが、実用化には課題が多いため、これまでは将来兵器として語られるだけでしたが、今では、数年後に艦艇などに実戦配備される勢いで開発が進められています。

「第三世代」は電気（電子）エネルギーを力の根源とする兵器です。銃や、火砲も第二世代では火薬の力で弾丸を発射していましたが、第三世代になるとレールガンのように電気の力で弾丸を発射します。レーザーは光ですが、光は電磁波ですから電気エネルギーです。

大気圏外で核爆発したときにＥＭＰ（電磁パルス）が発生し、無防備の電子機器を破壊します。核爆発は制御できないため、効果は攻撃対象だけでなく広範囲に影響します。核兵器を使用するとＥＭＰだけではなく放射性物質も生成され拡散するため、世界中に核被害を及ぼします。

そこで、核兵器以外で強力なＥＭＰを発生するＥＭＰ弾の研究開発も進められています。核爆発に拠ることなく範囲を限定してＥＭＰを放射するように制御されており、目標とする兵器の電気・電子回路を焼き切ることで、電子制御されている兵器を使用不能とします。ＥＭＰも電磁波ですから電気エネルギーです。これらの「第三世代兵器」が登場するのも時間の問題となっています。

本書は、現在主力の「第二世代兵器」をテーマとして扱っていますから、将来、本書で紹介している技術は兵器には使用されなくなるかもしれません。

しかし、第三世代の兵器が実用化されても、第二世代の兵器との数十年以上の併用期間が必要となります。その間は、本書の技術が兵器の主流であり続けます。

安全保障を読み解くには、軍事情報は不可欠です。その軍事情報を読み解くには兵器の情報が不可欠です。そして、兵器の情報を読み解く基礎となるのが兵器の技術です。

本書で紹介している技術は兵器に使用されているさまざまな技術の全体から見ればほんの一部ですが、ほかの技術を理解するための基礎となるでしょう。

必要に応じて読み返していただき、安全保障や軍事を理解するために本書を役立てていただければうれしく思います。

主な参考文献

『火器弾薬ハンドブック』（弾道学研究会編、一般財団法人防衛技術協会刊）
『自衛隊装備年鑑』（朝雲新聞社）
『陸上防衛技術のすべて』（防衛技術ジャーナル編集部編）
『火器弾薬技術のすべて』（防衛技術ジャーナル編集部編）
『ミサイル技術のすべて』（防衛技術ジャーナル編集部編）

市川文一（いちかわ・ふみかず）
1961年長野県生まれ。1983年防衛大学校卒業（27期）、陸上自衛隊入隊。武器学校幹部上級課程を修了後、武器科職種の幹部として、第10武器隊、武器学校などで勤務。幹部学校指揮幕僚課程を修了後、陸上幕僚監部人事部補任課人事第1班、陸上幕僚監部防衛部防衛課防衛班などで勤務。2002年1等陸佐。第13後方支援隊長、統合幕僚監部人事室長、装備施設本部武器課長、陸上幕僚監部武器化学課長、東北方面後方支援隊長、愛知地方協力本部長を歴任。2015年陸将補。陸上自衛隊武器学校長を最後に2017年8月退官。退官後はインターネットテレビ「チャンネルくらら」の「桜林美佐の国防ニュース最前線」、ＴＢＳテレビ「報道特集」などに出演のほか、メルマガ「軍事情報」で連載。防衛政策や軍事技術に関する情報、知識を広く国民に普及する活動を展開中。著書に『猫でもわかる防衛論』（大陽出版）がある。

不思議で面白い陸戦兵器
—極限を追求する特殊な世界—

2019年（令和元年）９月20日　印刷
2019年（令和元年）10月１日　発行

著　者　市川文一
発行者　奈須田若仁
発行所　並木書房
〒170-0002東京都豊島区巣鴨2-4-2-501
電話(03)6903-4366　fax(03)6903-4368
http://www.namiki-shobo.co.jp
図版制作　石原ヒロアキ
編集協力　渡部龍太
印刷製本　モリモト印刷
ISBN978-4-89063-390-6